黄河三角洲盐碱土结构与工程治理

刘传孝　著

黄河水利出版社

·郑州·

内 容 提 要

本书调查了黄河三角洲盐碱土的成因,通过盐碱土矿物组成、空间结构与构造发育特征等试验,研究其孔隙特征与渗透性之间的关系。优化高孔隙材料结构参数,用以阻隔盐碱土的毛细水力联系。进行黄河三角洲盐碱土时空分区,研究了典型结构盐碱地的含盐量空间分布规律。分析盐碱土结构的季节性冻胀效应,阐明细观结构特征与盐碱土中水盐运移的关系。进行冻胀盐碱土力学性质试验,提出了盐碱土排盐工程施工的新思路。基于对土壤结构特征的研究,制定了滨海盐碱地工程修复技术标准(建议)。

本书适宜岩土工程与土壤物理学科的科研工作者与研究生阅读,可作为盐碱地治理与改良工程技术人员的参考书,也可供土木工程、水利工程、水土保持、农学、土壤化学等专业的本科生作教材使用。

图书在版编目(CIP)数据

黄河三角洲盐碱土结构与工程治理/刘传孝著. —郑
州:黄河水利出版社,2020.9
ISBN 978-7-5509-2804-6

Ⅰ.①黄… Ⅱ.①刘… Ⅲ.①黄河–三角洲–滨海盐
土–盐碱土改良–研究 Ⅳ.①S156.4

中国版本图书馆 CIP 数据核字(2020)第 172629 号

组稿编辑:李洪良 电话:0371-66026352 E-mail:hongliang0013@163.com

出 版 社:黄河水利出版社 网址:www.yrcp.com
　　　地址:河南省郑州市顺河路黄委会综合楼 14 层 邮政编码:450003
发行单位:黄河水利出版社
　　　发行部电话:0371-66026940、66020550、66028024、66022620(传真)
　　　E-mail:hhslcbs@126.com
承印单位:广东虎彩云印刷有限公司
开本:787 mm×1 092 mm 1/16
印张:9.25
字数:214 千字 印数:1—1 000
版次:2020 年 9 月第 1 版 印次:2020 年 9 月第 1 次印刷

定价:60.00 元

前　言

气候变化引发陆地面积减少,大幅度降低了可耕作的农业用地面积。随着世界人口的急剧增加以及工业化进程的快速推进,人均耕地面积日益减少,粮食安全威胁着世界许多地区特别是发展中国家。1998～2012 年,我国城市化或工业化过程消耗农田 $7.93×10^6$ hm^2,因此提高作物单产、增加粮食供给对国家粮食安全至关重要。盐碱地是重要的农业土地资源,盐碱地改良是中低产田改造的主要内容。世界范围内,6%～23%的陆地面积及22%～33%的农耕地遭受盐害的影响,盐害农耕地面积高达 $77×10^6$ hm^2;受碱害影响的陆地面积占总陆地面积的30%,为 $210×10^6～556×10^6$ hm^2。截至 2018 年,我国盐碱地面积约占全国土地总面积的 1/10,其中滨海盐碱地的改良与治理尤其迫切。我国的海岸线长,水相沉积为主形成的冲积平原众多,滨海区域地势低平、排水不畅,河水侧渗和海水浸润顶托作用,致使土地盐碱化现象普遍、程度严重,黄河三角洲土地的盐碱化问题典型,具有代表性。我国是世界上耕地资源极度短缺的国家之一,受盐碱危害的中低产田的改造及部分重度盐碱土地的开垦种植,是增加粮食和纤维供给、满足人们生活需要的重要途径。

20 世纪 40 年代,苏联科学家即开始研究耐盐植物、土壤盐渍化、盐渍土与地下水的关系等。美国科学家提出了原生、次生盐害理论,探讨了土壤盐害与植物耐盐机制。印度、以色列、埃及、澳大利亚及巴基斯坦等国的科学家,在盐渍土改良、作物耐盐性等方面的研究居于国际前沿。荷兰基于筑坝排水工程成就,约 1/4 国土位于海平面以下,明显面临海水侵蚀陆地、地下水位抬升、排水排盐工程技术等难题,却少有盐碱地治理方面的科研贡献。荷兰的水应用及水利工程数量众多,拦海大坝等水利工程及科学布局的农业用蓄、排水系统等,自然解除了土中盐碱的积蓄条件,其排水工程技术先进、发展理念超前,值得借鉴。

我国的土壤盐渍化改良研究经历了生物改良、生物与工程改良、综合改良三个发展阶段,基本遵循"盐随水来,盐随水去"。国内外通用的对盐碱地的治理与改良,主要有水利工程改良,包括围埝与吹填、暗管排水、深沟排水、井灌井排、冲洗淋盐等措施;农业耕作改良,包括平整土地、深耕、深松、底层倒置等措施;生物改良,包括林木、绿肥、牧草、农作物等植物种植措施;化学改良,包括氯化钙、石膏、硫酸、绿矾、膨润土等低分子改良剂的应用,粉煤灰等工业废渣的利用,腐植酸等有机物料的应用,以及聚丙烯酰胺等高分子聚合物的应用等。盐碱地的治理与改良措施主要是通过提高盐碱土结构的孔隙性,亦即土壤的渗透性,达到降盐目的,保障盐碱地改造成果。河流中上游的岩土介质受风化侵蚀作用,被河水搬运至下游入海口,受海水顶托作用,泥沙落淤、填海造陆、三角洲形成。因此,黄河三角洲盐碱土的主要结构具有典型的水相沉积历史特征,容重大、强度高、密实、易于板结,土壤的呼吸能力差。国内外采用的部分盐碱地治理工程技术或手段,缺乏系统性,尤其是主要考虑土壤结构特征的盐碱地工程修复技术,没有统一标准。

　　本书重点突破土壤均质结构、拓展水盐迁移通道,建立工程排盐模型,优化滨海盐碱地工程修复的关键技术参数,并提出基于土壤结构特征的滨海盐碱地工程修复技术标准建议,用以指导滨海盐碱地的差异化工程修复。

　　黄河三角洲盐碱地的工程治理中,要秉承人与自然和谐共处的发展理念,提高工程伦理认识,全面考虑工程中的风险承担、责任分担及利益分配等问题,为生态平衡与环境保护、人类社会与可持续发展做贡献。本书研究成果符合盐碱地绿色开发与利用国家战略,主要受到山东省重点研发计划(公益类专项)项目"黄河三角洲区域盐碱地细分区及永久性工程治理方案"(2018GNC110023)的资助。同时,借鉴了国家自然科学基金"引黄泥沙对黄河三角洲黏质盐土物理性状的改良研究"(41471184)、山东省科技发展计划"黄河三角洲泥沙利用与土壤修复关键技术研究"(2013GGA16035)、水利部公益性行业专项子课题"示范区不同条件下水盐动态变化及其运移规律研究"(201001073)、山东省自然科学基金"基于生态修复的黄河三角洲引黄灌区生态用水机理与模式研究"(Y2007F51)等项目的研究成果。山东农业大学岩土工程灾害预防控制研究中心教师马德鹏、张健、程广坦、高强等,以及博士、硕士研究生李全新、李克升、耿雨晗、孔维航、徐文硕、李茂桐等,为本书成稿做出了贡献,一并致谢。

作　者

2020 年 7 月于泰山

目　录

第 1 章　黄河三角洲盐碱土成因及结构分析

黄海、渤海的形成缩短了海陆距离,增强了东亚夏季风对华北气候的影响,进而影响了黄土高原地貌,因此晚更新世以来的黄海、渤海海侵是黄土高原地貌区域分异的根本原因。黄土高原的黄土粒度,由西北向东南逐渐变细。盐碱地属于土木工程学科的重点研究对象,河流中上游的岩土介质经风化侵蚀作用,由河水搬运至下游入海口形成冲积平原,因此黄河三角洲盐碱地的主要结构组成来自于区域之外的黄土高原,是区域盐碱地形成机制研究的前提。

1.1　黄河三角洲盐碱地成因及结构分析的意义

黄河三角洲成为陆地的时间较短,近代黄河三角洲成为陆地的时间至今不到 150 年,现代黄河三角洲仅数十年。黄河三角洲拥有丰富的土地资源,但是生态环境脆弱,经济社会发展和人类活动导致土地供需矛盾日益突出。因为改良或治理盐碱地可以改善土壤环境、扩展农业土地资源,所以对盐碱地资源的开发与利用备受关注。黄河三角洲土壤盐碱化由大气降水、黄河水侧渗、引黄灌溉、排水不畅、蓄水工程渗漏、风暴潮侵袭、海水倒灌等多方面原因形成,不断发展,均与地下水位的起伏波动密切相关。地下水位的周期性变化将引起易溶盐类在地层水平方向和剖面上的重新分布,很大程度上控制了盐碱地的形成和发展,因此盐碱地的形成是一种动态现象和过程。调查盐碱地的性质、范围、地理分布、盐渍程度等信息,是治理盐碱地和防止其退化的必要条件。

黄河三角洲位于中国东部沿海季风盛行区,蒸发作用导致的土壤水汽化,是地下水向上运动、补给土壤水的动力条件,而土壤及地下水中的可溶盐则随水流上升、蒸发、浓缩,积累于地表。大气降水中的盐分进入土壤,将抬高地下水位。黄河三角洲为黄河水挟带泥沙淤积、沉淀形成,包含一定的盐碱成分,所以黄河水侧渗将促使区域土壤盐碱化。由于引黄灌溉工程中的引黄、蓄水、排水工程不配套,灌水技术落后,渠道防渗率低,土地不平整等原因,地下水位被抬高,高矿化度的地下水蒸发,盐分聚集于土壤表层。同时,由于黄河三角洲地势低平,地表排水不畅,地面径流滞缓,地下水位埋藏浅,土壤在蒸发作用下易于积盐,盐碱化严重。在"重灌轻排"思想指导下,水资源的不合理利用抬升了地下水位,反过来加剧了区域土壤的盐碱化。在黄河三角洲形成之初,埋藏了海水型浅层潜水,而大多数浅层地下水为高矿化的咸水或卤水。滨海盐碱地在海边,海潮侵袭作用向陆地输送大量盐分,渗透到堆积层中,海潮退落后堆积层地表裸露,堆积层中的地下水及盐分蒸发、浓缩,循环往复,土壤中的盐碱成分逐渐沉积。另外,海水有可能淹没沿岸土地,海水倒灌也会通过渗透来补给地下水,进而提高了地下水位与含盐量。

在对盐碱地的研究过程中,需要对黄河泥沙进行矿物组成分析,明确黄河三角洲形成的历史原因。对黄河三角洲盐碱土进行结构分析,明晰盐碱土的颗粒结构和孔隙性等性质,找到治理盐碱地的良好工程措施。因此,对黄河三角洲盐碱地的成因进行调查,对盐碱土的结构特征进行分析,具有工程应用价值。

1.2 黄河三角洲自然地理概况与沉积模式

1.2.1 黄河三角洲的地理位置

黄河三角洲位于渤海湾和莱州湾西岸,从图 1-1 可以看出,黄河三角洲主要是指东营市和滨州市,也包含潍坊市、烟台市和德州市的一部分。黄河三角洲有着悠久的历史,每个历史阶段的范围迥异,本书所指为近代黄河三角洲。

图 1-1 近代黄河三角洲范围示意图

1.2.2 地形特征

黄河三角洲的主要地形特征为地势低平,黄河三角洲的最高海拔仅 13.3 m,最低海拔小于 1.0 m。黄河三角洲有着悠久的历史,历史上黄河经历了多次改道,因此黄河三角洲的地貌也发生了多次改变。近代以来,受城镇建设等基础工程因素的影响,黄河三角洲的地貌发生了进一步的变化,但其基本地形依然如故。

1.2.3 气候概况

黄河三角洲地处山东省,属暖温带半湿润大陆性季风气候区的纬度。黄河三角洲春季天气干燥、多风、温度起伏大,夏季气温高、多雨(近年来雨水逐渐减少)、常受到台风袭击,秋季气温适宜、较夏季雨水减少,冬季气温较低、常受北部台风影响(近年来降雪的概率降低)。黄河三角洲的气候夏热冬寒,四季分明。

1.2.4 水文概况

黄河三角洲地区有多条河流(黄河、小清河等)经过,水资源非常丰富,但黄河三角洲的水资源污染也非常严重。黄河三角洲的水大多为大气降水,易于遭受气候的影响,季节性较强,地下水的利用率不高。地下水的埋深较浅,水分蒸发快,易于形成盐碱地。虽然近年黄河多次断流,经国家治理和人工调控,整体水文情况已经好转。

1.2.5　土壤植被概况

黄河三角洲地区的木本植物较少,主要以景观草甸为主。由于土壤盐分较高,该地区的植物比较单一,以耐盐植物为主,如灌木柽柳、阔叶林等。黄河三角洲的土壤分为潮土、褐土、盐土、砂姜黑土和水稻土等5类,其中以潮土和盐土所占面积最大,盐土所占面积高达50%左右,潮土也占到了44%左右。黄河三角洲的土壤和植被因盐分过高,均呈现结构单一的特点。

1.2.6　黄河三角洲形成的沉积模式

黄河三角洲主要是黄河填海造陆所形成的,黄河在流经黄土高原时,会把黄土高坡中的黄土冲走,黄土随河流一路向东入海。黄河流动过程中挟带的黄土中,颗粒较大的会在沿途沉积下来,颗粒较小的将被带到黄河入海口。入海口处的黄河水流速度减缓,较小的颗粒沉积、形成三角洲,且黄河三角洲的面积必定随着时间的推移而逐渐增大。

黄河三角洲的沉积过程极其复杂,从陆到沿海可分为三个组合带:三角洲平原相,是组合带中发育最好的;三角洲前缘相,是沉积速度最快的;前三角洲相,正在不断地向外延伸,相内沉积物由粒径小于0.015 mm的厚层灰色、深灰色、棕灰色淤泥或粉砂质黏土层组成。

1.3　黄河上游沉积泥沙及其结构特征

黄河发源于青海省的巴颜喀拉山脉,流经青海、四川、甘肃、宁夏、内蒙古、陕西、山西、河南、山东九个省(区),并于山东省东营市垦利区注入渤海。黄河干流河道全长5 464 km,从源头到内蒙古自治区托克托县河口镇为上游、河长3 472 km,如图1-2所示。

黄河上游拥有丰富的水能资源,建成了一个梯级水库群,拥有多个水电站。黄河上游穿过腾格里沙漠、河东沙地、乌兰布和沙漠与库布齐沙漠,沙漠中沙量极大,使得黄河流经沙漠时挟带了大量的沙漠沙,从而形成水沙。黄河上游龙羊峡、刘家峡等水库的存在,阻挡了黄河水沙的流动,导致黄河泥沙不断淤积,形成典型的类似三角洲的淤积形态。淤积泥沙中的粗颗粒泥沙占一半以上,中、细颗粒泥沙占1/5左右(细颗粒泥沙略多于中颗粒泥沙),但是泥沙的结构组成总体呈细化趋势。

总之,受黄河径流等因素的影响,黄河上游泥沙结构组成分配不均匀,粗、中、细泥沙年际变化较大。黄河上游属于少沙、粗沙河流,泥沙粒径较大,河道中的泥沙主要由颗粒直径大于0.05 mm的粗沙、颗粒直径介于0.025~0.05 mm的中沙和颗粒直径小于0.025 mm的细沙三部分组成,其中粗沙为主要组成部分。黄河上游泥沙属于粗沙类型,大部分为粗粒径泥沙,表明黄河上游泥沙结构疏松、孔隙发育、渗透性好。

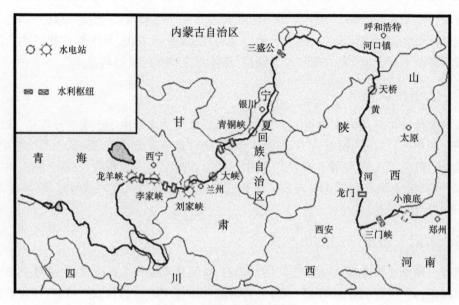

图 1-2　黄河上、中游示意图

1.4　黄河中游沉积泥沙及其结构特征

自内蒙古自治区托克托县河口镇至河南省郑州市桃花峪为黄河的中游部分,如图 1-2 所示。从河口镇到龙门一段,黄河的来水量少,而来沙量却占到黄河总沙量的 65%,最主要的原因在于黄河中游流经了黄土高原地区。黄河中游地区黄土的分布最广,但是泥沙粗细的分布具有明显的分带性,其中西北地区的泥沙粒径较粗,东南地区的泥沙粒径较细。根据泥沙颗粒粗细不同,可以把泥沙的来源地区分为三个:多沙粗泥沙地区,为内蒙古自治区托克托县河口镇至龙门、马莲河和北洛河;多沙细泥沙地区,为除马莲河外的泾河干支流、汾河和渭河上游;少沙区,为河口镇以上,或渭河南山支流、伊洛河和沁河。黄河中游的沙与水结合形成水沙,水沙在水电站处形成淤积。黄土高原地区经多次复杂的地质构造作用,岩体结构破碎松散,黄土地貌特殊,大量的水土流失使得流经该地区的黄河泥沙富集。

黄土高原地区含大量粒径较粗的沙,粒径小于 0.05 mm 的粉沙约占 65%,粒径大于 0.05 mm 的泥沙约占 28%。在黄土补给、植物覆盖、水力侵蚀等作用下,黄河中游沉积的泥沙主要为中粗颗粒泥沙,且存在泥沙颗粒逐渐变细的趋势。黄河中游泥沙属于中沙类型,大部分为中粗粒径泥沙,表明黄河中游泥沙结构比较致密、孔隙比较发育、渗透性比较好。

1.5　黄河下游沉积泥沙及其结构特征

自河南省郑州市的桃花峪至入海口处为黄河下游,全长 786 km,但流域面积仅仅为 2.3 万 km²。黄河下游泥沙淤积比较严重,河道不断抬高,形成地上河,致使下游呈现出水少沙多的现象。黄河下游的水位不断抬高,过水断面增大,水力坡度逐渐变缓,紊动速度和纵向流动速度都大幅度减小。水流特性的改变降低了水流的挟沙能力、改变了泥沙运动条件,导致部分推移质和悬移质泥沙逐渐沉淀、下游河道淤积,在入海口形成了黄河三角洲。黄河下游与故道如图 1-3 所示。

图 1-3　黄河下游与故道示意图

黄河下游的沉积泥沙中,直径小于 0.025 mm 的细沙占 80% 以上,其中大部分属于极细沙,因此黄河下游沉积的泥沙主要为细沙。黄河下游泥沙属于细沙类型,大部分泥沙直径小于 0.025 mm,表明黄河下游泥沙结构致密、孔隙不发育、渗透性差。

1.6　黄河入海口沉积泥沙及其结构特征

1.6.1　黄河入海口故道的覆盖范围

1855 年之前,黄河于江苏省清江流入黄海,因黄海不是内陆海,所以黄河故道入海口的覆盖范围十分广阔,对淮河和海河两大水系的水文条件影响较大。黄河下游局限在一个较为窄小的范围内流动,河床高悬于大平原之上,加之江苏省处于中纬度地区,水文和气候长期波动、变化较为显著,一旦出现暴雨,便会形成含沙量极高的洪水。1855 年,黄河堤坝崩溃,出于安全考虑,当时将黄河改道于渤海入海。

现在,黄河于山东省东营市垦利区黄河口镇注入渤海,泥沙不断地在渤海沉积,以每年 400 m 的速度填海,以每年 31 万 km² 的速度向渤海填沙,形成了面积不断增大的黄河三角洲。由于渤海是陆海,渤海在黄河泥沙的沉积下面积不断缩小,对我国北方的水汽提供量不断减少,加剧了北方气候的干燥程度,同时也促进黄河三角洲的形成和扩张,扩大了黄河三角洲的覆盖范围。

1.6.2　黄河入海口沉积泥沙的结构特征

黄河入海口成喇叭状辐射入海,水流速度低,粉沙和黏土粒级的悬沙颗粒沉积,属于悬沙和浮泥分布范围较大的近海岸地区。黄河入海口的泥沙,粒径小于 0.015 mm 的一部分较细颗粒扩散到海洋,沉积在三角洲前缘地带的大都为粒径介于 0.025~0.125 mm 的极细沙和粗粉沙粒。黄河入海口附近粒径介于 0.004~0.032 mm 的极细沙约占 70%,同时该地区浮泥的粒径介于 0.001~0.032 mm(平均粒径为 0.004 7 mm)。

黄河入海口的沉积泥沙主要为极细泥沙,结构十分致密、不发育孔隙、渗透性极差。

1.7　黄河三角洲盐碱地的结构成因及特征

1.7.1　黄河三角洲盐碱土的形成过程

岩石经过长时间的风化便会形成土颗粒,较细的土颗粒在风的作用下在空中飘动,遇到秦岭或太行山山脉等障碍物便沉积下来,久而久之就会形成黄土高原。在雨水的作用下,较细的颗粒便进入黄河随水流动,在入海口处沉积下来,形成黄河三角洲。由于该地区离海洋较近,在地下水的作用下,土的含盐量增加,便形成了盐碱地。

黄河沿上、中、下游逐段流动经入海口注入大海,黄河所挟带泥沙颗粒的粒径越来越细小,沉积泥沙的孔隙度越来越小、结构越来越致密、水在其中的流动性越来越差。黄河上游泥沙主要为粒径大于 0.05 mm 的粗粒径泥沙,结构疏松、孔隙发育、渗透性好;黄河中游泥沙主要为粒径小于 0.05 mm 的中粗粒径泥沙,结构比较致密、孔隙比较发育、渗透性比较好;黄河下游泥沙主要为直径小于 0.025 mm 的细沙,结构致密、孔隙不发育、渗透性差;黄河入海口的泥沙主要为粒径介于 0.004~0.032 mm 的极细泥沙,结构十分致密、不发育孔隙、渗透性极差。

黄河挟带的泥沙不断沉积,形成了面积不断扩展的黄河三角洲,因此黄河三角洲盐碱地的主要结构组成来自于区域之外,其结构特征取决于黄河下游及黄河入海口处沉积泥沙的结构特征。黄河三角洲地区的盐碱地主要由细沙和极细泥沙沉积而成,含盐量高。盐碱土结构很致密、孔隙不发育、渗透性极差,土的容重大,抗压强度高。针对黄河三角洲盐碱地土壤的结构特征,工程措施治理盐碱地的理论依据是打破盐碱土细小、均匀、致密的颗粒结构,提高土的渗透性。

1.7.2　黄河三角洲盐碱土的形成原因

1.7.2.1　原生盐碱地和次生盐碱地

根据成因,盐碱地可分为原生盐碱地和次生盐碱地。原生盐碱地主要是气候等自然条件造成的盐碱地,黄河三角洲属于此类盐碱地,治理困难;次生盐碱地主要是人类活动导致的,不合理的利用水资源是主要的人为因素,黄河三角洲的次生盐碱地比重较小,但同样需要更多关注。

1. 土壤质地、地质地貌和地下水

土体的毛细现象非常严重,地下水中的盐分易于随水分蒸发到达地表面,土表面滞留的盐分积聚,形成了盐碱地。黄河三角洲地势平坦、地下水埋深非常浅,地下水容易蒸发,蒸发过程中的盐分滞留在土壤中,逐渐积累形成盐碱地。

2. 河流和海水的影响

靠近海洋的地区受海水的浸渍,将形成滨海盐碱土。黄河三角洲的大部分属于早期海水淹没的地区,地下埋藏着海水型浅层潜水,导致浅层地下水大都为矿化度极高的咸水,盐分含量极高。黄河三角洲的地势较低,地表排水不畅,地下水埋深浅,蒸发作用强,使得土中盐分能够轻易地积累,必然形成盐碱土。

3. 人为因素

自然资源(主要是水资源和土地资源)的不合理开采和利用,将导致部分地区地下水埋藏深度变浅,形成盐碱土并加剧土壤的盐碱化程度。例如,引黄灌溉工程虽然在一定程度上解决了其他现存问题,但引起黄河三角洲地下水位变化、破坏了当地自然生态系统的平衡,最终加剧了该区域土壤的盐碱化程度。人为因素直接导致次生盐碱地的形成,得到了越来越多的重视。

1.7.2.2　黄河三角洲盐碱地的成因

黄河三角洲地区濒临莱州湾和渤海湾,区域条件较为优越,盐碱地的研究和治理、开发与利用已经成为国家亟待解决的问题。黄河三角洲地区盐碱地的形成,是多方因素综合作用的结果。

1. 黄河水渗透、泥沙淤积

黄河挟带的泥沙在入海口附近沉积形成了黄河三角洲,沉积泥沙埋藏了大量的海水型浅层海水,致使浅层地下水为高矿化的卤水和咸水,导致黄河三角洲地区的土壤盐碱化。黄河水挟带的泥沙中含有大量的盐碱成分,黄河水的渗透也是三角洲地区土壤盐碱化的原因之一。同时,受黄河三角洲地区地势比较平坦、地面径流滞缓、地表排水不流畅、蒸发强烈的影响,土壤表面盐分不断累积,加剧了该地区土壤的盐碱化程度。黄河三角洲的泥沙沉积状况如图 1-4 所示。

2. 气候影响

黄河三角洲位于中国东部沿海地区,属温带季风气候,季风盛行。大气蒸发使土壤中的水分汽化,促使地下水补给土壤中蒸发的水分,因此土壤与地下水中的可溶盐类随水分的蒸发而上升,并不断在地表累积。同时,该地区的大气降水中含有一定的盐分,大气降水通过地表进入土壤、再进入地下水系统,不仅抬高了地下水位,还带来了大量的盐分。

3. 海水返盐

黄河三角洲地区紧靠渤海,海水可以淹没沿岸的土地,倒灌渗透会补给地下水,海潮的侵袭能够向陆地土壤输送大量盐分。退潮后裸露的堆积层中盐分含量高,堆积层中的地下水长期处于蒸发收缩状态,逐渐形成高矿化度的地下卤水或碱水。盐碱在土壤中逐渐分层沉积,形成黄河三角洲地区特有的盐碱地。黄河三角洲地区的土壤受海水返盐影响而盐碱化,如图 1-5 所示。

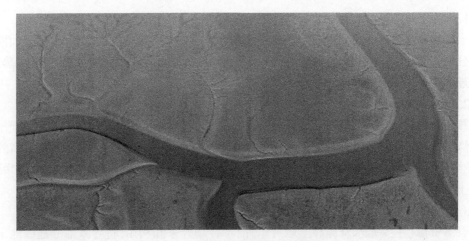

图 1-4　黄河三角洲泥沙沉积状况

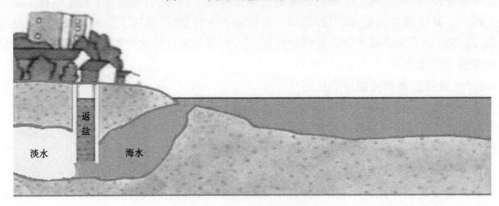

图 1-5　海水返盐示意图

4. 地下水位升高

黄河三角洲地区水资源的不合理使用导致该地区水资源浪费严重,地下水位逐渐抬高,加剧了该地区的土壤盐碱化程度。曾经的盲目垦荒导致区域生态环境极度恶化,引黄灌溉等人为因素导致区域地下水位不断抬高,致使高矿化度的地下水蒸发,土壤表层盐分累积,土壤盐碱化程度不断加剧。

综上所述,黄河三角洲地区盐碱地的形成原因是多方面因素综合作用的结果,包括黄河水渗透与泥沙淤积、气候影响与大气降水、海水返盐、地下水位升高等,因此开展黄河三角洲地区盐碱地的研究和治理工作刻不容缓。

第 2 章　黄河三角洲盐碱土时空分区

盐碱地改良分区是综合治理盐碱地的前提,在研究黄河三角洲盐碱地现状的基础上,对盐碱地的盐碱化程度进行分区,并将研究重点聚焦于确定程度的盐碱地区,以因地制宜地指导盐碱地区域性治理工艺研究。

2.1　黄河三角洲盐碱土分区的意义

盐碱地改良分区是综合治理盐碱地的前提,在研究黄河三角洲盐碱地之前,应首先对黄河三角洲盐碱地进行宏观分区。因为黄河三角洲不同位置的地形、地貌、水文地质条件、土壤条件、土地利用方式等不同,导致盐碱土的成因及盐碱化程度存在差异,不同区域的盐碱地所需要的改良方法和治理措施不一样。将研究重点聚焦于盐碱化程度确定的盐碱地区,以因地制宜地指导盐碱地区域性治理工艺研究。对于非盐碱地、轻度盐碱地可以滞后治理甚至不做处理;对中度、重度盐碱地进行土的结构特征、孔隙发育、渗透性、水盐运移等深层次的相关性研究,发现有效治理盐碱地的工程措施,应用传统的土肥改性研究和耐盐碱植物研究成果作为有益的辅助措施。

例如,通过关元秀等的研究发现:黄河三角洲远离大海的地区,形成历史较早,耕作历史悠久,是黄河三角洲主要的农业区,因其地下水埋深超过了临界深度,基本不受盐碱化的威胁,属于易改良区,所以防治土壤盐碱化的主要措施是节水灌溉和培肥。黄河三角洲主要分布盐化潮土、盐土和潮土的地区,地势较低平,地下水埋藏浅,地表水汇集,旱、涝、盐害并存,是盐碱地治理的重点区,属于较难改良区,盐碱地治理的措施是水利先行,生物、工程、耕作措施紧跟,改良措施是建立井、沟、渠相结合的排水体系,防止土壤含水过多。黄河三角洲主要分布盐土、辅以少量盐化潮土和潮土的地区,包括黄河故道北部和黄河河滩地、沿海滩涂、草场、超潮滩地等,属于难改良区,盐碱地防治的措施是退耕还林、还草,先灌后乔、林、草结合,封滩育林,建设人工草场,发展渔业和芦苇种植业等。黄河三角洲的外缘区域占总面积的 17.3%,为唯一分布着盐土的地区,受海水周期性作用,土壤水、地下水和海水含盐量处于平衡状态,属于不宜改良区,因其处于自然成土的初期阶段,一般不生长高等植物,若不消除海水的影响,任何改良措施均无济于事。

2.2　基于时间历史的黄河三角洲盐碱土分区

经过查阅以山东省东营市垦利县为例的相关文献(李百红,焦元波,等),垦利县不同时间段盐碱土的盐化分布如图 2-1 所示。

从图 2-1 可以看出,1987~2007 年,垦利县盐碱地的盐碱化程度整体趋于严重,尤其以西南部和中部为甚。在短短的 20 年内,垦利县东北部的中度盐碱地迅速转化为重度盐

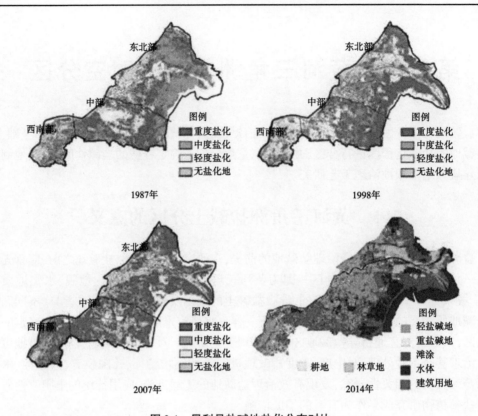

图 2-1 垦利县盐碱地盐化分布对比

碱地,无盐碱地的区域越来越小。21 世纪初,垦利县全区重度盐碱地的面积迅速增加,盐碱地整体恶化迅猛。

但是,对比 2014 年垦利县盐碱地盐化分布情况,轻度盐碱地的面积较 2007 年明显增加,重度盐碱地面积大幅度减少。同时,建筑用地面积逐渐增加,耕地面积大幅度减少。重度盐碱地大面积转化为中度、轻度盐碱地,表明土地盐碱化程度大大减轻、盐碱地治理初见成效,但是黄河三角洲土地盐碱化的问题仍然存在。

2.3　距离海洋的黄河三角洲盐碱土分区

在采样点去除表层浮土,取地表以下 0~20 cm 深度范围内约 500 g 的土壤样本,进行含盐量测定。查阅相关研究资料(郭勃),得到采样点的含盐量,黄河三角洲研究区域及测线布置如图 2-2 所示。

从黄河三角洲内陆地区的研究区边界向海边布置 5 条测线,记录各条测线上采样点位置的盐碱土含盐量,并绘制含盐量—距离海洋关系曲线如图 2-3 所示。

由图 2-3 可以看出,离海洋越近盐碱土的含盐量越高,是普遍规律。但是土的含盐量不止由距离海洋的远近单一因素决定,而是受众多因素的影响,研究区盐碱地的含盐量均在 0.5% 以上,属于重度盐碱土甚至盐土。

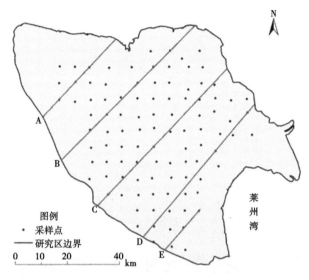

图 2-2 黄河三角洲研究区域及测线布置

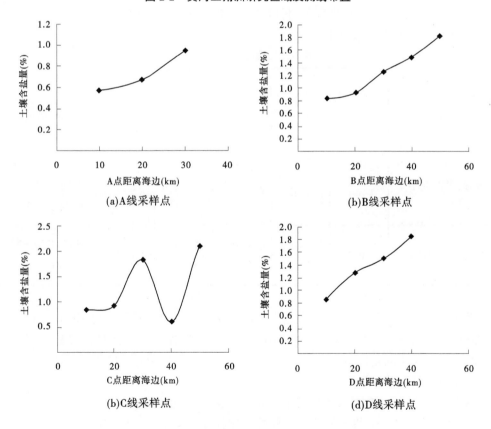

图 2-3 含盐量—距离海洋关系曲线

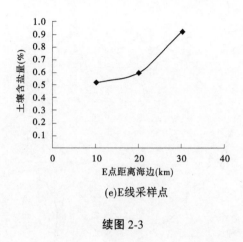

(e)E线采样点

续图 2-3

2.4　基于时空关系的黄河三角洲盐碱土分区结论

综合相关文献(鲍士旦、朱庭芸、付腾飞、王遵亲等)的研究成果,分析得到本书参照的土壤盐化系列分级,见表 2-1。

表 2-1　土壤盐分分级指标

适用地区	土壤含盐量(%)					盐渍类型
	非盐化	轻度	中度	重度	盐土	
滨海、半湿润半干旱、干旱地区	<0.1	0.1~0.2	0.2~0.4	0.4~0.6 (1.0)	>0.6(1.0)	$HCO_3^- + CO_3^{2-}$、Cl^-,$Cl^- + SO_4^{2-}$、$SO_4^{2-} + Cl^-$
半荒漠、荒漠区	<0.2	0.2~0.3 (0.4)	0.3~0.5 (0.6)	0.5(0.6)~1.0(2.0)	>1.0(2.0)	SO_4^{2-}、$Cl^- + SO_4^{2-}$、$SO_4^{2-} + Cl^-$

随着时间延伸,现代黄河三角洲的土地盐碱化程度大幅度降低,主要得益于重度盐碱地大面积转化为中(轻)度盐碱地、建筑用地面积逐渐增加和耕地面积大幅减少,黄河三角洲的土地盐碱化问题仍然存在。离海洋距离越近,黄河三角洲盐碱土的含盐量越高,达到重度盐碱土甚至盐土级别。

本书以海边为研究边界,向黄河三角洲内陆辐射一定范围,依次覆盖盐土、重度盐碱土、中度盐碱土及少许轻度盐碱土。按照盐碱化程度递减原则,宏观划分黄河三角洲盐碱地的研究区域,如图 2-4 所示,以针对性地指导盐碱地区域性工程治理工艺研究。

图 2-4　黄河三角洲盐碱地研究区域划分

第3章　黄河三角洲典型盐碱土矿物组成

河流冲积平原上盐碱地的形成原因,主要包含地下水位升降对土的侵蚀作用等,揭示盐碱地的形成机制及其矿物组成是关键。

3.1　试验材料与试样制备

试验土样取自山东省东营市美奥生物有限公司($37°18'7''N$,$118°38'7''E$)附近,如图 3-1 所示,在取样过程中尽可能保证试验土样的原始结构。试验取样总深度为 60 cm,用 S0、S1、S2、S3、S4、S5、S6 分别表示 0 cm、10 cm、20 cm、30 cm、40 cm、50 cm、60 cm 处的土样,各深度位置的均质土样作为矿物检测与分析的样本。测定土样的含水率为 25.3% ~ 28.6%,干密度为 $1.65 \sim 2.03$ g/cm^3。

(a)　　　　　　　　　　　　　　　　　　　(b)

图 3-1　研究区及采样点示意图

将土样在 105 ℃下烘干、碾碎、过 2 mm 筛,进行土样粒度分析及 X 射线衍射法(XRD)试验。采用液氮真空冷冻干燥法制样,应用于扫描电镜(SEM)与能谱分析法(EDS)试验。将土样用涂有凡士林的钢锯切割成 20 mm×20 mm×20 mm 的立方体,再用双面刀片将其切割成 8 mm×8 mm×15 mm 的长方体,在试样的中部划一圈深度约为 1 mm 的槽,制成 SEM 土样;将制成的土样放入 50 mL 的离心管内,为了保证土样受冻均匀、避免土样成为“夹心饼”,向离心管内加入一定量的异戊烷,然后将离心管放入液氮中(时间控制在 20 min 左右),液氮使异戊烷迅速达到其冰点−140 ℃,使土样中的液态水变成非晶态的冰,将离心管取出后迅速放入 LGJ−12N 真空冷冻干燥机内,在−80 ℃的温度下连续抽空 48 h 左右;将干燥好的 SEM、EDS 土样沿原先刻有槽的位置断开,用吸球轻轻吹走表面的颗粒,选取较为平整的断面制成检测断面。LGJ−12N 真空冷冻干燥机见图 3-2。

图 3-2　LGJ-12N 真空冷冻干燥机

3.2　试验仪器与方法

选择 TD-3500 X-射线衍射仪对土中的矿物进行定性定量检测,采用步进扫描方式,测试靶材为 Cu(Kα1),波长 1.54×10⁻¹⁰ m,激发电压/电流 40 kV/30 mA,扫描范围 5°~60°,步宽 0.02°,扫描速度 2°/min。土样的表面结构采用 JSM-6610LV 扫描电子显微镜进行观察,采用 EDS Inca X-Max X 射线能谱仪对土中的元素进行定量检测。TD-3500 X-射线衍射仪见图 3-3,JSM-6610LV 扫描电子显微镜及 EDS Inca X-Max X 射线能谱仪见图 3-4。

图 3-3　TD-3500 X-射线衍射仪

图 3-4   JSM-6610LV 扫描电子显微镜及 EDS Inca X-Max X 射线能谱仪

3.3   盐碱土矿物的 X 射线衍射定量分析

采用 TD-3500 X-射线衍射仪对黄河三角洲盐碱土中的矿物物相进行检测与分析。X 射线衍射图如图 3-5 所示,矿物物相定量分析结果见表 3-1。

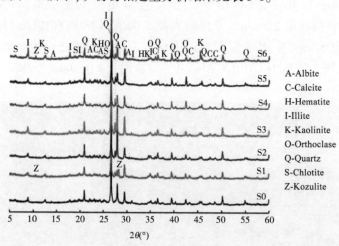

A-Albite
C-Calcite
H-Hematite
I-Illite
K-Kaolinite
O-Orthoclase
Q-Quartz
S-Chlotite
Z-Kozulite

图 3-5   X 射线衍射图

由 X 射线衍射结果可知,黄河三角洲盐碱土中的矿物以原生矿物为主,占总矿物成分的近 90%,黏土矿物含量相对较低。原生矿物主要为石英、方解石和钠长石,其中石英含量最高,占总矿物成分的逾 50%;黏土矿物主要是伊利石、高岭石和绿泥石,其中高岭石和绿泥石的含量相对较低,仅占总矿物成分的近 3%。盐碱土中的黏土矿物含量随赋存深度而变化,0~50 cm 深度范围内,黏土矿物含量稳定,约占总矿物成分的 11.23%,但 60 cm 深度处的黏土矿物占比达 18.30%。

表 3-1　区域盐碱土的矿物相对含量　（％）

矿物	区域盐碱土样本深度（cm）							平均占比
	0	10	20	30	40	50	60	（％）
Qtz（Quartz）	53.6	55.1	43.4	44.2	51.9	60.9	50.8	51.43
Cal（Calcite）	14.3	17.0	11.6	19.1	15.8	13.6	13.9	15.04
Or（Orthoclase）	0	4.3	2.6	7.1	3.6	5.3	3.1	3.71
Koz（Kozulite）	0	1.3	0	0	0	0	2.1	0.48
Ab（Albite）	19.1	7.7	32.6	19.4	15.7	11.7	10.7	16.69
Hem（Hematite）	0.8	0.9	0	0	0	0	1.2	0.41
Ill（Illite）	7.4	9.7	3.8	5.7	8.3	6.2	9.1	7.17
Kln（Kaolinite）	3.3	1.5	3.1	1.6	2.5	0.6	7.1	2.81
Chl（Chlorite）	1.5	2.5	2.9	2.9	2.1	1.8	2.1	2.26

（平均占比栏右侧：Qtz 至 Hem 合计 87.76；Ill 至 Chl 合计 12.24）

注：Qtz 为石英；Cal 为方解石；Or 为正长石；Koz 为铁锰钠闪石；Ab 为钠长石；Hem 为赤铁矿；Ill 为伊利石；Kln 为高岭石；Chl 为绿泥石。

伊利石、高岭石、绿泥石等黏土矿物的平均占比仅 12.24%，因此该研究区域的盐碱土不具有典型的黏土性质，即黏土矿物不是区域盐碱土透水性差的主要原因。

3.4　盐碱土化学元素的能谱法定量分析

由于土是一种含有多种矿物的混合物，衍射峰较复杂，所以软件分析时会出现误差，也是 X 射线衍射法（XRD）试验的不足。采用扫描电镜（SEM）和能谱分析法（EDS）进行试验，能够得到土中所含有的重要元素，是对 X 射线衍射法（XRD）试验的有益补充。

盐碱土的物理力学性质在根本上是由其本身的矿物成分所决定的，在对黄河三角洲盐碱土样本进行扫描电镜试验时，可以通过与扫描电镜集成在一起的能谱仪对土样特定位置区域进行化学成分分析。能谱仪发射光源至样品靶件表面，样品内元素的电子层受到激发后释放电子，通过不同能量光源下电子的产生份额统计，即可得到相应元素及其含量。在原状土样的扫描电镜微观试验过程中，对盐碱土 7 个样本的典型骨架与碎屑区域进行能谱分析，获得其元素种类及各元素的含量，如图 3-6 所示。

图 3-6 中，在各深度土样的扫描电镜图片中选择代表性取样点进行能谱分析，能谱分析图中的 W_t 为取样点各元素含量百分比（％），σ 为能谱中的能量相对值。可见，所研究区域各类盐碱土的 O、Si、Al 元素含量分别为 50.5%～69.1%、12.9%～30.6%、2.2%～15.9%，为主要构成元素；盐碱土骨架以 O、Si、Al、Ca、Mg 为主要构成元素，Na、K 的含量较低；盐碱土的碎屑颗粒包含 O、Si、Al、Ca、Na、Mg、K 等元素，表明盐碱土的胶结物主要为伊利石、高岭石、绿泥石，且 $CaCO_3$ 也有一定的胶结作用。对比盐碱土骨架与碎屑颗粒的元素含量发现，二者的构成元素种类基本相同，土骨架的 O、Si 元素含量明显高于碎屑颗粒，但 Mg、Fe、Ca、Al 元素含量低于碎屑颗粒。试验结果反映了土骨架与碎屑颗粒的矿物组成存在差异，碎屑矿物中石英、长石（正长石、钠长石等）的含量高，还含有一定比例的碳酸盐类矿物（方解石等）。

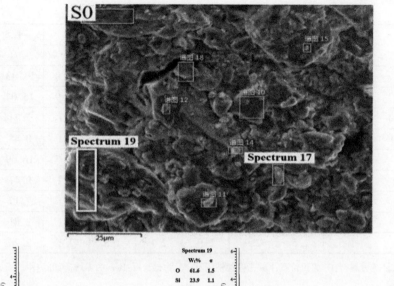

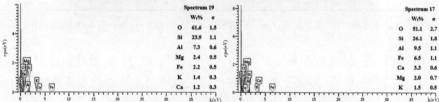

（a）0 cm 深度土的扫描电镜图片及其采样点的能谱分析

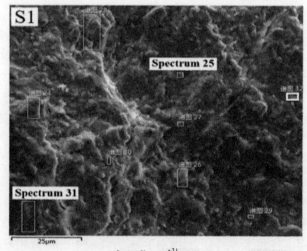

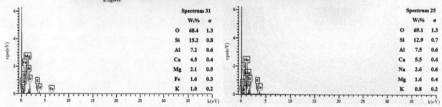

（b）10 cm 深度土的扫描电镜图片及其采样点的能谱分析

图 3-6　各土层能谱测试分析结果

（c）20 cm 深度土的扫描电镜图片及其采样点的能谱分析

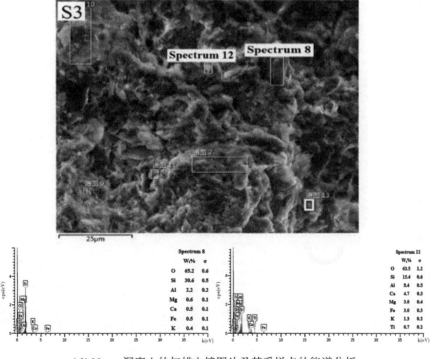

（d）30 cm 深度土的扫描电镜图片及其采样点的能谱分析

续图 3-6

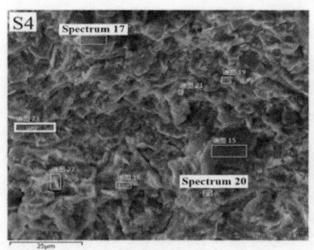

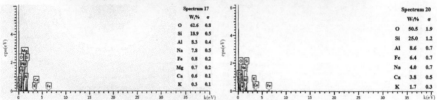

(e)40 cm 深度土的扫描电镜图片及其采样点的能谱分析

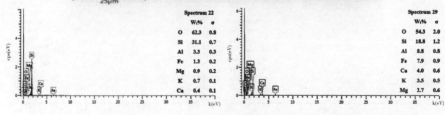

(f)50 cm 深度土的扫描电镜图片及其采样点的能谱分析

续图 3-6

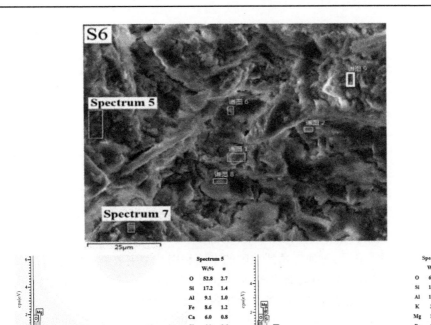

(g)60 cm 深度土的扫描电镜图片及其采样点的能谱分析

续图 3-6

黄河三角洲盐碱土矿物成分复杂,利用 X 射线衍射法(XRD)、扫描电镜(SEM)和能谱分析法(EDS),对黄河三角洲盐碱土的矿物进行检测鉴定。得到盐碱土中的原生矿物主要是石英和长石,黏土矿物主要是伊利石、高岭石和绿泥石,矿物含量随深度变化较小;土中的胶结物主要为伊利石、高岭石、绿泥石,且 $CaCO_3$ 也有一定的胶结作用;土的骨架与碎屑颗粒的构成元素种类基本相同,但矿物组成存在一定的差异,土骨架的 O、Si 元素含量明显高于碎屑颗粒,但 Mg、Fe、Ca、Al 元素含量低于碎屑颗粒。伊利石、高岭石、绿泥石等黏土矿物的平均占比仅 12.24%,因此黏土矿物不是区域盐碱土渗透性差的主要原因。

第4章　黄河三角洲盐碱土空间结构与构造特征

对区域内平面位置及剖面层位的代表性盐碱土取样,分析其细观结构与构造特征,是研究盐碱土中水盐迁移规律的基础任务。

4.1　盐碱土结构与构造特征研究的空间位置

资料(苗永君,等)显示,黄河三角洲地区的土地利用类型主要为耕地、林地、草地、自然湿地、建设用地和裸地,耕地和裸地是黄河三角洲地区最为主要的两种土地利用类型。耕地面积占该地区总面积的 38.93%,裸地面积占该地区总面积的 26.59%,草地面积占该地区总面积的 8.37%,自然湿地面积占该地区总面积的 13.14%,林地和建设用地面积占该地区总面积的 12.97%。本书盐碱地的平面研究范围涉及山东省东营市的农高区、广饶县及河口区,其中取自美奥生物有限公司附近农田、西马楼村林(草)地、黄河口湿地公园和黄河口保留区等地的土壤样本,分别对应了耕地、林(草)地和自然湿地等土地利用类型,分析其表层、30 cm 及 60 cm 三个深度位置盐碱土的结构与构造特征。确定的上述三种典型土地利用类型距离海边由远及近,符合盐碱土结构与构造特征研究的平面位置设计原则。

剖面层位盐碱土的结构与构造特征研究,试验土样取自山东省东营市美奥生物有限公司($37°18'7''$N,$118°38'7''$E)附近的农田,盐碱土样本的赋存深度分别为 0 cm、10 cm、20 cm、30 cm、40 cm、50 cm 和 60 cm。

4.2　平面位置盐碱土的结构与构造特征

研究区域的美奥生物有限公司附近农田、西马楼村林(草)地、黄河口湿地公园和黄河口保留区等地,对应耕地、林(草)地和自然湿地等黄河三角洲三种典型土地利用类型,距离海边由远及近,涵盖了轻度、中度、重度盐碱地及盐土等四级盐碱土。

4.2.1　土样制备与试验方法

采用粒度分析(PSD)、X 射线衍射(XRD)、扫描电镜(SEM)等方法,分析表层、30 cm及 60 cm 深度位置盐碱土的结构与构造特征。将土样在 105 ℃下烘干、碾碎、过 325 目筛,进行粒度分析和 X 射线衍射试验,采用液氮真空冷冻干燥法为扫描电镜试验制备土样。

采用 TD-3500 X-射线衍射仪对土中矿物进行定量分析,扫描方式为步进扫描;测试条件:靶材为 Cu(Kα1),波长为 $1.54×10^{-10}$ m,激发电压/电流为 40 kV/30 mA,扫描范围为 5°~60°,步宽为 0.02°,扫描速度为 2°/min。采用 FEI 公司的 Quanta250 扫描电子显微镜对土样表面的结构与构造特征进行观察。采用激光粒度分析仪对土的粒度组成进行分析,激光粒度分析仪见图 4-1。

图 4-1　激光粒度分析仪

4.2.2　三种典型土地利用类型盐碱土的结构特征

4.2.2.1　不同土地利用类型盐碱土的粒度组成

根据土工试验方法标准,土的粒组分为黏粒(<0.005 mm)、粉粒(0.005~0.075 mm)和沙粒(0.075~2 mm)三类。不同土地利用类型盐碱土的颗粒级配曲线如图 4-2 所示,粒度组成分析试验结果见表 4-1。

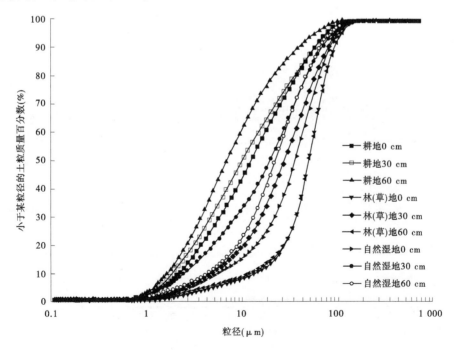

图 4-2　不同土地利用类型盐碱土颗粒级配曲线

表 4-1　不同土地利用类型土壤粒度组成　　　　　　　　（%）

粒径组成（mm）	耕地				林（草）地				自然湿地			
	取样深度（cm）			平均	取样深度（cm）			平均	取样深度（cm）			平均
	0~5	25~30	55~60		0~5	25~30	55~60		0~5	25~30	55~60	
<0.005	26.01	36.73	31.27	31.34	5.28	10.00	5.65	6.98	9.74	10.69	11.76	10.73
0.005~0.075	66.62	60.81	65.59	64.34	74.70	78.56	73.52	75.59	76.82	80.91	81.73	79.82
0.075~2	7.37	2.46	3.14	4.32	20.02	11.44	20.83	17.43	13.44	8.40	6.51	9.45

可见,不同土地利用类型盐碱土中的粉粒含量均达 60%以上,即其粒度组成以粉粒为主;耕地中的黏粒含量最高,渗透性最差;林(草)地中的沙粒含量最高,渗透性相对最好。从深度角度分析,耕地、林(草)地及自然湿地盐碱土的表层黏粒含量最少、沙粒含量最多,是人类活动频繁影响的结果。

4.2.2.2　不同土地利用类型盐碱土的矿物组成

为准确获取黄河三角洲不同土地利用类型盐碱土的矿物成分,通过 X 射线衍射试验对耕地、林(草)地及自然湿地的盐碱土矿物成分进行研究,得到 X 衍射图谱,如图 4-3 所示。采用 K 值法、绝热法及 RIR 值法,通过 MDI jade6.0 软件对耕地、林(草)地及自然湿地盐碱土中所含矿物进行定量分析,见表 4-2。

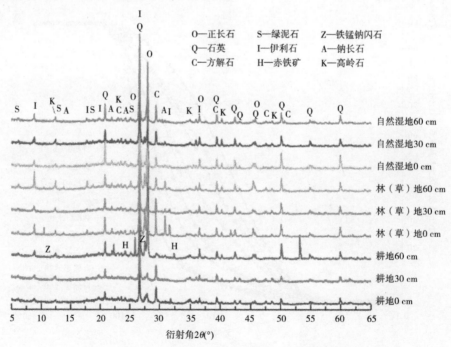

图 4-3　不同土地利用类型盐碱土 X 衍射图谱

表 4-2　不同土地利用类型盐碱土各矿物成分比例　　　　　　（%）

矿物	耕地				林（草）地				自然湿地			
	取样深度（cm）			平均	取样深度（cm）			平均	取样深度（cm）			平均
	0~5	25~30	55~60		0~5	25~30	55~60		0~5	25~30	55~60	
石英	53.61	44.15	50.84	49.53	53.18	52.26	51.71	52.38	49.56	48.37	50.47	49.47
方解石	14.29	19.15	13.88	15.77	8.47	10.39	9.34	9.40	22.30	23.46	21.79	22.52
正长石	0	7.14	3.05	3.40	9.30	8.74	7.86	8.63	7.36	7.58	6.27	7.07
铁锰钠闪石	0	0	2.13	0.71	1.72	1.28	2.42	1.81	0	0.12	0.34	0.15
钠长石	19.10	19.37	10.65	16.37	21.51	20.68	20.56	20.92	13.37	14.66	13.64	13.89
赤铁矿	0.83	0	1.15	0.66	0	0.75	0.86	0.54	0	0.21	0.15	0.12
伊利石	7.38	5.72	9.13	7.41	4.16	3.45	4.73	4.11	4.31	3.12	3.13	3.52
高岭石	3.34	1.57	7.05	3.99	0.58	0.74	0.62	0.65	2.74	2.17	2.48	2.46
绿泥石	1.45	2.90	2.12	2.16	1.08	1.71	1.90	1.56	0.36	0.31	1.73	0.80

（注：耕地平均 86.44，13.56；林（草）地平均 93.68，6.32；自然湿地平均 93.22，6.78）

　　可见，耕地、林（草）地及自然湿地的原生矿物平均含量占总矿物含量的 85% 以上，表明黄河三角洲的盐碱土为黄河水成土、化学风化程度较低。不同土地利用类型盐碱土的黏土矿物含量均不足 15%，且均以伊利石为主，说明黏土矿物对盐碱土渗透性能的影响较小。耕地盐碱土中的黏土矿物含量最高，平均占 13.56%，是林（草）地及自然湿地的 2 倍，同粒度分析结果"耕地中的黏粒含量最高，渗透性最差"一致，证明耕地盐碱土的渗透性相对最差。

4.2.2.3　不同土地利用类型盐碱土的微观结构特征

　　采用 FEI 公司的 Quanta250 扫描电子显微镜对土样表面的结构进行观察，通过颗粒组成、骨架颗粒的表面特性、骨架颗粒形状及排列、颗粒之间的胶结程度等描述盐碱土的微观结构特征。扫描得到了 61 幅电镜图片，部分放大 500 倍和 2 000 倍的典型盐碱土结构图片见图 4-4，耕地、林（草）地及自然湿地盐碱土的颗粒形态、颗粒连接形式等微观特性指标见表 4-3。

表 4-3　不同土地利用类型盐碱土的微观结构特征

土地类型	放大倍数	骨架颗粒形态	骨架颗粒连接形式	
			接触关系	胶结方式
耕地	500	致密结构	间接面接触	孔隙胶结
	2 000	片状和扁平状		
林（草）地	500	块状	直接面接触	无胶结
	2 000			
自然湿地	500	粒状	直接点接触	无胶结
	2 000			

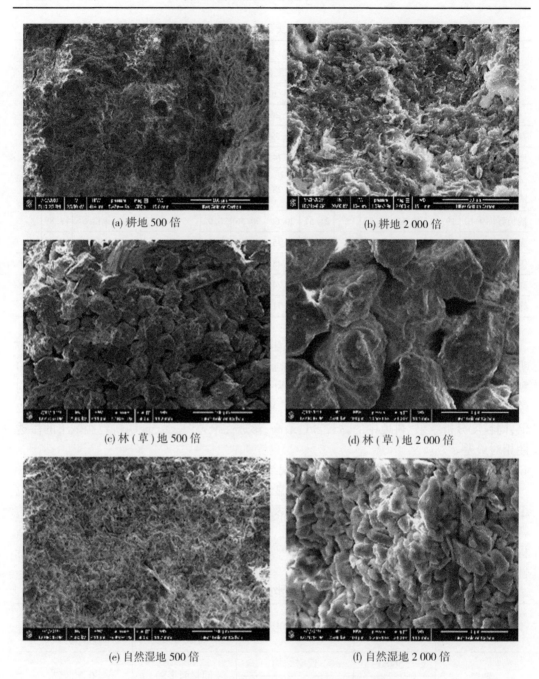

(a) 耕地 500 倍   (b) 耕地 2 000 倍

(c) 林 (草) 地 500 倍   (d) 林 (草) 地 2 000 倍

(e) 自然湿地 500 倍   (f) 自然湿地 2 000 倍

图 4-4　不同土地利用类型盐碱土的扫描电镜结构图片

1. 骨架颗粒形态

　　耕地盐碱土的骨架颗粒之间类似紊流结构,其结构单元以扁平状和片状颗粒为主,结构致密,渗透性差。林(草)地盐碱土的骨架颗粒之间排列整齐、规则,其结构单元以直径为 20~30 μm 的块状颗粒为主,粒径分布相对均匀,颗粒间隙较大,骨架颗粒形状以规则半圆形或圆形为主,渗透性好。自然湿地盐碱土的骨架颗粒之间类似粒状堆积结构,其结构单元以聚集体和单粒体为主,其骨架颗粒直径小于林(草)地,粒径分布均匀,颗粒之间致密有序,骨架颗粒形状以规则条形为主,渗透性比较差。

2.骨架颗粒间的接触关系和胶结方式

盐碱土骨架之间的连接形式即土颗粒间的接触关系和胶结方式,对盐碱土的物理、力学性质有直接影响。土骨架颗粒间的接触关系有直接点接触、直接面接触、间接点接触和间接面接触 4 类,颗粒间的胶结方式有孔隙胶结、镶嵌胶结和薄膜胶结 3 种。

耕地盐碱土颗粒间的接触关系主要为间接面接触,骨架颗粒之间排列有序且致密,颗粒之间通过大量胶结物相连,形成了典型的孔隙胶结,这使得农田盐碱土的渗透性很差。林(草)地盐碱土颗粒间的接触关系主要为直接面接触,骨架颗粒之间排列有序、不紧密,颗粒间基本无胶结(少量的镶嵌胶结),渗透性好。自然湿地盐碱土颗粒间的接触关系主要为直接点接触(少量的直接面接触),土骨架颗粒相互堆积、表面光滑干净,颗粒间无胶结物,渗透性居中。

4.2.3　三种典型土地利用类型盐碱土的构造特征

采用 FEI 公司的 Quanta250 扫描电子显微镜对土样的构造特征进行观察。试验土样采自黄河三角洲美奥生物有限公司附近农田耕地盐碱土、东营市西马楼村林(草)地盐碱土、黄河口湿地公园和黄河口保留区自然湿地盐碱土。取样深度 40 cm(湿地公园处 50 cm),放大 500 倍的扫描电镜图片见图 4-5。

可见,耕地盐碱土的构造发育少且程度普遍轻微,水向盐碱土中的入渗主要通过不太发育的构造(捷径式入渗),因此渗透性差,不会发生明显的壤中流现象,将导致简单的灌溉淋洗降盐措施难以凑效。林(草)地盐碱土的构造发育而且均匀,颗粒间隙较大,致使结构比较松散、渗透性好,洗盐措施将比较有效。自然湿地盐碱土的构造比较发育也均匀,颗粒有间隙、较小,因此渗透性居中,淋洗脱盐效果一般。

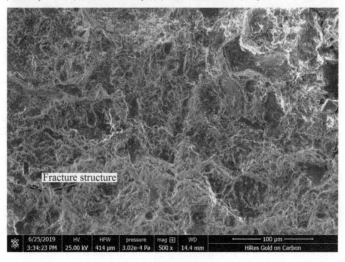

(a)耕地盐碱土

图 4-5　不同土地利用类型盐碱土的扫描电镜构造图片

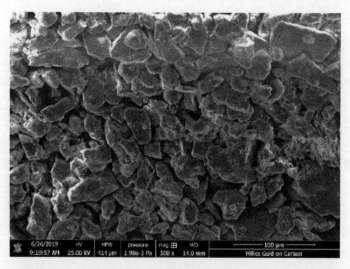

(b)林(草)地盐碱土

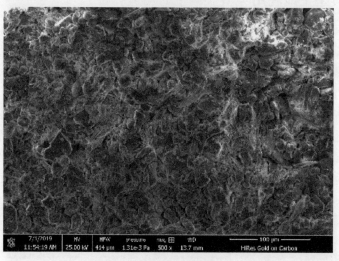

(c)自然湿地盐碱土

续图 4-5

4.3　剖面层位盐碱土的结构与构造特征

4.3.1　不同深度盐碱土的结构特征

　　试验土样取自山东省东营市美奥生物有限公司(37°18′7″N,118°38′7″E)附近农田,土样赋存深度为 0 cm、10 cm、20 cm、30 cm、40 cm、50 cm、60 cm 位置,分别以 S0、S1、S2、S3、S4、S5、S6 代表。

　　将土样在 105 ℃下烘干、碾碎、过 2 mm 筛,应用 BT-9300S 激光粒度分析仪进行土样粒度分析试验;采用液氮真空冷冻干燥法制样(由 IB-5 型离子溅射仪抽真空并喷金),供

JSM-6610LV 扫描电子显微镜进行结构观察。

4.3.1.1　盐碱土的粒度分析

不同深度盐碱土的粒度分析试验结果如图 4-6、表 4-4 所示。

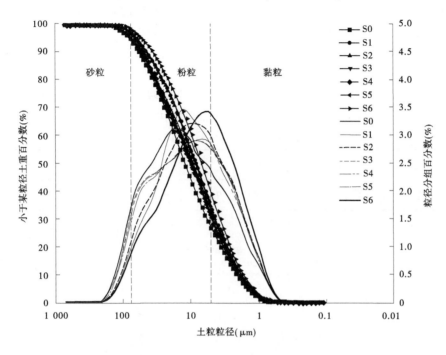

图 4-6　不同深度盐碱土的粒径级配曲线

表 4-4　不同深度盐碱土的粒度分布特征

土样	颗粒组分(%)			有效粒径 d_{10}(mm)	中值粒径 d_{30}(mm)	限制粒径 d_{60}(mm)	不均匀系数 C_u	曲率系数 C_c
	砂粒	粉粒	黏粒					
S0	5.74	67.46	26.80	2.08	5.74	17.34	8.34	0.91
S1	2.88	64.80	32.32	1.84	4.59	12.46	6.77	0.92
S2	3.29	63.17	33.54	1.79	4.40	12.13	6.78	0.89
S3	5.41	63.58	31.01	1.87	4.81	14.83	7.93	0.83
S4	5.27	63.54	31.19	1.87	4.78	14.60	7.81	0.84
S5	4.59	62.87	32.54	1.83	4.55	13.79	7.54	0.82
S6	2.67	57.75	39.58	1.63	3.67	9.58	5.88	0.86

土工试验方法标准规定,黏粒粒径小于 0.005 mm,粉粒粒径为 0.075~0.005 mm,砂粒粒径为 0.075~2 mm。根据不同深度盐碱土的粒径级配曲线,盐碱土的粒径集中分布于 1~100 μm,其中黏粒含量为 25%~40%,粉粒含量为 60% 左右,砂粒含量约为 5%,土中的粉粒与黏粒之和占比高达 95%,所以渗透性差。不均匀系数 C_u >5,表明土颗粒粒径分布不均匀;曲率系数 C_c <1,表明土颗粒的中间粒组较少,较小粒径的颗粒较多。由于土的级配曲线不能同时满足 C_u ≥5 和 C_c =1~3 两个条件,因此该区域的盐碱土在工程上属于颗粒级配不良土。

由不同深度盐碱土的粒径级配曲线可见,盐碱土的峰值粒径随深度增加而减小,见表 4-5。黏粒、粉粒、砂粒占比与盐碱土赋存深度的关系如图 4-7 所示。

表 4-5　盐碱土的颗粒峰值粒径随深度的变化

深度(cm)	0	10	20	30	40	50	60
土颗粒峰值粒径(μm)	14.35	11.61	9.404	6.849	6.162	6.162	4.988

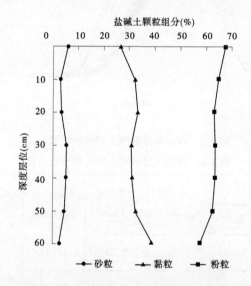

图 4-7　盐碱土颗粒占比与赋存深度的关系

可见,表层盐碱土的颗粒中,砂粒含量最高(同该颗粒在各深度层位盐碱土中的含量比较)、粉粒含量最高、黏粒含量最低,表明表层盐碱土受耕作等人类活动影响最大;深度 30 cm 以上黏粒、粉粒、砂粒占比波动幅度大,表明表层盐碱土受耕作等人类活动影响较大;深度 30~50 cm 内黏粒、粉粒、砂粒比例稳定;深度 60 cm 处盐碱土的颗粒中,砂粒含量最低、粉粒含量最低、黏粒含量最高(近 40%)。

4.3.1.2　0~60 cm 深度盐碱土的结构特征

对赋存深度分别为 0 cm、10 cm、20 cm、30 cm、40 cm、50 cm、60 cm 的盐碱土进行扫描电镜试验,得到放大 2 000 倍土的结构特征,如图 4-8 所示。

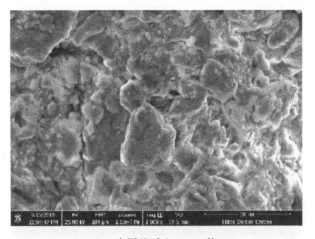

(a)表层盐碱土 2 000 倍

(b)深度 10 cm 盐碱土 2 000 倍

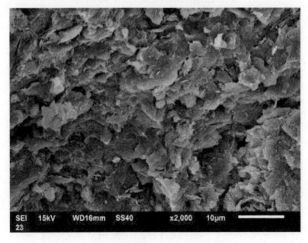

(c)深度 20 cm 盐碱土 2 000 倍

图 4-8 不同深度盐碱土的微观结构特征

(d)深度 30 cm 盐碱土 2 000 倍

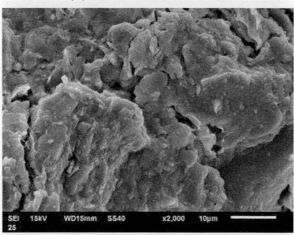

(e)深度 40 cm 盐碱土 2 000 倍

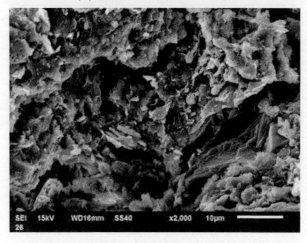

(f)深度 50 cm 盐碱土 2 000 倍

续图 4-8

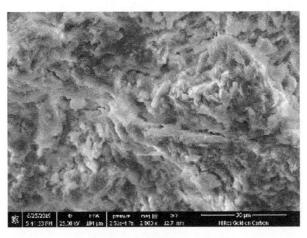

(g)深度 60 cm 盐碱土 2 000 倍

续图 4-8

在盐碱土表层,土颗粒呈较松散的单粒状,颗粒均匀、粒径较大,表面附着碎屑物,颗粒间以点—面接触为主。深度 10~50 cm 范围内盐碱土的微观结构特征相似,土颗粒呈紧密片状,排列有序,表面附着碎屑物,颗粒间以面—面接触为主。在 60 cm 深度位置,盐碱土颗粒呈紧密的规则条形,颗粒均匀,排列有序,表面附着少许碎屑物,颗粒间以面—面接触为主。

因此,黄河三角洲盐碱土的片状颗粒和致密结构是导致其渗透性低的主要原因。另外,土颗粒表面附着的碎屑物遇水溶解并堵塞孔隙,也会降低盐碱土的渗透性。

4.3.2　不同深度盐碱土的构造特征

对赋存深度分别为 0 cm、10 cm、20 cm、30 cm、40 cm、50 cm、60 cm 的盐碱土进行扫描电镜试验,得到放大 100 倍土的构造特征,如图 4-9 所示。

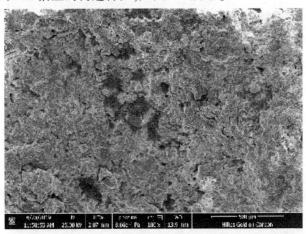

(a)表层盐碱土 100 倍

图 4-9　不同深度盐碱土的构造特征

(b)深度 10 cm 盐碱土 100 倍

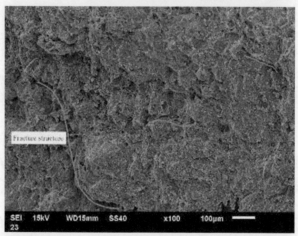

(c)深度 20 cm 盐碱土 100 倍

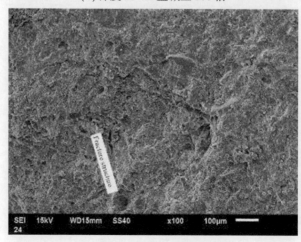

(d)深度 30 cm 盐碱土 100 倍

续图 4-9

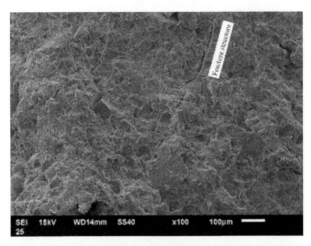

(e)深度 40 cm 盐碱土 100 倍

(f)深度 50 cm 盐碱土 100 倍

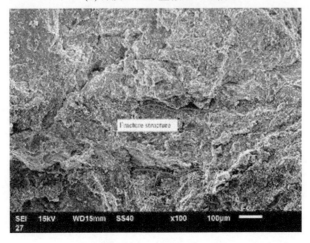

(g)深度 60 cm 盐碱土 100 倍

续图 4-9

可见,表层盐碱土的构造发育、渗透性较好,深度 $10\sim60$ cm 盐碱土的构造不发育、渗透性较差。水向该区域盐碱土中入渗时,很容易穿过表层土,但是再向深处下渗困难,不太发育的构造不贯通,甚至会限制捷径式入渗的形成。

第 5 章　黄河三角洲盐碱土
孔隙特征及渗透性

地下水位升降的直接影响因素是毛细现象,对区域内平面位置及剖面层位的代表性盐碱土取样,试验得到其孔隙性发育规律,结合地下水位变动规律,结合工程措施从根本上消除毛细现象、阻断盐碱地层中水盐的向上迁移通道。

5.1　盐碱土孔隙性及渗透性研究的区域

本书盐碱土孔隙性及渗透性特征研究的平面区域,为美奥生物有限公司附近农田、西马楼村林(草)地、黄河口湿地公园和黄河口保留区等地,对应耕地、林(草)地和自然湿地等土地利用类型,距离海边由远及近。剖面深度层位盐碱地的试验土样,取自山东省东营市美奥生物有限公司附近的农田,盐碱土样本的赋存深度分别为 0 cm、10 cm、20 cm、30 cm、40 cm、50 cm、60 cm。对条件稳定、具有典型性的粉质盐碱土,采集西马楼村 40 cm 深度位置的土样,研究其孔隙特征与渗透性的关系。

5.2　不同土地利用类型盐碱土的孔隙特征与渗透性

5.2.1　土的孔隙性试验方法

距离海边由远及近,采集耕地、林(草)地和自然湿地等位置的样本,研究黄河三角洲盐碱土表层、中层和下层的孔隙分布特征及其与土壤渗透性的关系。采用压汞试验(MIP)定量研究土的孔隙性,利用扫描电镜进行土的微观孔隙特征定性试验,土样均通过液氮真空冷冻干燥法制备。美国 PM-33-18 压汞仪见图 5-1。

压汞法是分析土体孔隙特征最通用的定量分析方法,施加一定的压力将汞压入到介质中,根据压力值和压入汞的体积换算出各类孔隙的大小。无压状态下的非浸润性液体不会自行流入固体的孔隙中,而向圆柱形孔隙中注入液体所需的压力,可以根据 Washburn 公式计算得到:

$$p = -\frac{2\sigma\cos\theta}{r} \tag{5-1}$$

式中:p 为压力,Pa;σ 为浸入液体的表面张力系数,N/m;θ 为导入液体与固体材料的接触角(°);r 为圆柱形孔隙的半径,m。

参考相关资料,取 $\sigma = 0.485$ N/m,$\theta = 140°$。因此,通过试验监测的注入压力值,即可根据 Washburn 公式计算得到累计进汞量与孔径的关系。

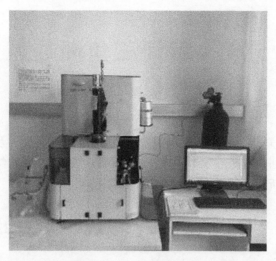

图 5-1　PM-33-18 压汞仪

5.2.2　不同土地利用类型盐碱土的孔隙特征

5.2.2.1　盐碱土孔隙体积定量分析

利用压汞法测定耕地、林(草)地和自然湿地等土样的孔隙分布,如图 5-2 所示;统计累积孔隙体积和孔隙比表面积见表 5-1。

表 5-1　累积孔隙体积和孔隙比表面积统计

土地类型		耕地			林(草)地			自然湿地		
取样深度(cm)		0	30	60	0	30	60	0	30	60
孔隙体积（cm³/g）	累积	0.151	0.140	0.131	0.212	0.225	0.244	0.190	0.236	0.259
	平均	0.141			0.227			0.228		
孔隙比表面积（cm²/g）	累积	10.850	12.250	5.628	0.634	3.936	3.316	6.481	2.068	4.939
	平均	9.576			2.629			4.496		

可见,耕地盐碱土的累积孔隙体积最小、平均仅 0.141 cm³/g,林(草)地和自然湿地盐碱土的累积孔隙体积较大,表明耕地盐碱土的孔隙不发育、渗透性最差。随着深度的增加,耕地盐碱土表层、中层、下层的累积孔隙体积逐渐减小,林(草)地和自然湿地盐碱土的累积孔隙体积逐渐增大,但差异均不明显,可以忽略;虽然不同土地利用类型盐碱土的孔隙比表面积随深度同样没有明显变化规律,但耕地盐碱土的累积孔隙比表面积明显高于林(草)地和自然湿地盐碱土,表明耕地盐碱土对盐分等矿物的吸附能力更强,间接证明了耕地盐碱土的渗透性不良。

根据 Shear 的孔径划分原则,该地区盐碱土的孔隙划分为大孔隙($d \geqslant 20$ μm)、中孔隙(10 μm$\leqslant d < 20$ μm)、小孔隙(2 μm$\leqslant d < 10$ μm)、微孔隙(0.1 μm$\leqslant d < 2$ μm)和超微孔隙($d < 0.1$ μm)5 级。试验得到不同直径孔隙的体积占比见表 5-2。

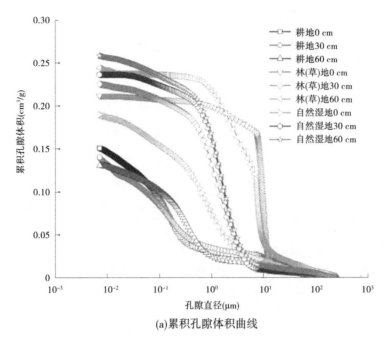

(a)累积孔隙体积曲线

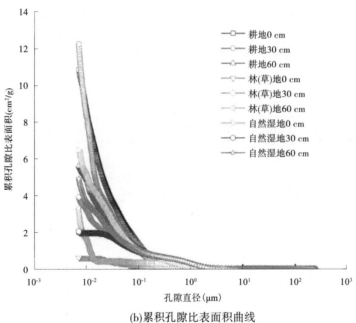

(b)累积孔隙比表面积曲线

图 5-2　不同土地利用类型盐碱土孔隙体积分析

表 5-2　盐碱土不同直径孔隙的体积占比　　　　　　　　（%）

孔隙直径（μm）	耕地				林（草）地				自然湿地			
	取样深度（cm）			平均	取样深度（cm）			平均	取样深度（cm）			平均
	0~5	25~30	55~60		0~5	25~30	55~60		0~5	25~30	55~60	
$d \geqslant 20$	9.82	12.93	10.88	11.20	5.02	3.31	9.35	5.89	7.60	3.24	4.26	5.03
$10 \leqslant d < 20$	4.36	4.19	1.85	3.47	29.73	0.96	8.37	13.02	3.24	0.78	1.08	1.70
$2 \leqslant d < 10$	3.83	5.03	2.11	3.66	54.53	27.18	60.82	47.52	13.81	33.27	30.29	25.79
$0.1 \leqslant d < 2$	42.52	37.37	62.73	47.54	8.85	60.37	18.18	29.13	56.77	57.34	55.06	56.39
$d < 0.1$	39.47	40.48	22.43	34.13	1.87	8.18	3.28	4.44	18.58	5.37	9.31	11.09

可见,耕地盐碱土孔径 $d < 2$ μm 孔隙的体积平均占比达 81.67%,主要由微孔隙和超微孔隙构成,表明耕地盐碱土的渗透性差;林(草)地和自然湿地盐碱土孔径 $0.1 \leqslant d < 10$ μm 孔隙的体积平均占比分别为 76.65%、82.18%,主要由小孔隙和微孔隙构成,证明林(草)地和自然湿地盐碱土的渗透性优于耕地盐碱土,但亦属于一般渗透性;耕地、林(草)地和自然湿地盐碱土的表层、中层和下层,不同直径孔隙的体积占比没有明显变化规律。

通过压汞试验测定不同深度耕地、林(草)地和自然湿地盐碱土的孔隙率,计算结果见表 5-3、图 5-3。

表 5-3　不同土地利用类型盐碱土的孔隙率

土地类型	耕地			林（草）地			自然湿地		
取样深度（cm）	0	30	60	0	30	60	0	30	60
孔隙率（%）	26.58	25.08	24.63	40.84	42.73	46.16	32.58	37.02	39.94

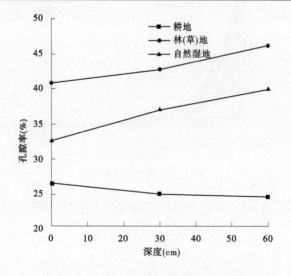

图 5-3　不同土地利用类型盐碱土的孔隙率

　　可见,耕地盐碱土的孔隙率集中于25%,自然湿地盐碱土的孔隙率介于30%~40%,林(草)地盐碱土的孔隙率介于40%~50%。表明耕地盐碱土的渗透性差,林(草)地盐碱土的渗透性较好。

5.2.2.2　不同土地利用类型盐碱土的微观孔隙定性分析

　　在剖面层位盐碱土的结构与构造特征研究中发现,深度30~50 cm范围内的黏粒、粉粒、砂粒比例稳定。所以,选择深度30 cm的耕地、林(草)地和自然湿地盐碱土样本的扫描电镜图片(放大2 000倍)见图5-4,比较耕地、林(草)地和自然湿地盐碱土的孔隙特征见表5-4。

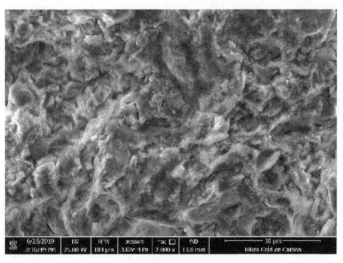

(a)耕地盐碱土2 000倍

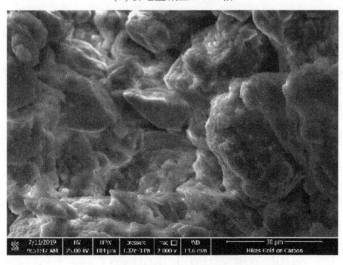

(b)林(草)地盐碱土2 000倍

图5-4　不同土地利用类型盐碱土的微观孔隙照片

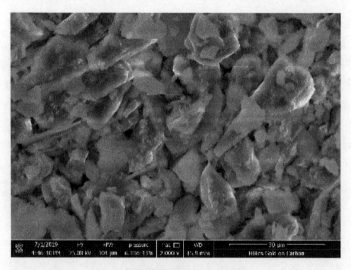

(c)自然湿地盐碱土 2 000 倍

续图 5-4

表 5-4　不同土地利用类型盐碱土的孔隙特征

深度层位(cm)	放大倍数	土壤类型	孔隙类型
30	2 000	耕地	粒内孔隙
		林(草)地	架空孔隙
		自然湿地	粒间孔隙

　　盐碱土中存在大孔隙、架空孔隙、粒间孔隙和粒内孔隙。可见,耕地盐碱土是由致密结构和裂隙组合而成的结构体,土颗粒间不存在架空孔隙,仅有微小的粒内孔隙,且呈纵横交错的网状,表面粗糙且复杂;林(草)地盐碱土的颗粒独立、边界明晰,土颗粒间主要为架空孔隙,呈易于连通的条状,表面比较光滑、干净;自然湿地盐碱土的颗粒联结比较紧密,土颗粒间主要为粒间孔隙,孔隙直径较小、呈不易连通的线状,表面参差不齐。因此,耕地盐碱土的渗透性最差,林(草)地盐碱土的渗透性相对最好。

　　毛细现象直接影响区域盐碱土地下水位的升降,从而决定其中水盐的迁移通道。试验研究表明,不同土地利用类型中耕地盐碱土的累积孔隙体积最小,累积孔隙比表面积明显高,主要由微孔隙和超微孔隙构成,孔隙率仅 25%,土颗粒间为粒内孔隙,因此耕地盐碱土的孔隙不发育、渗透性差,难以形成毛细现象。而林(草)地盐碱土的孔隙较发育、渗透性相对最好,能够形成毛细现象。

5.3　不同深度盐碱土的孔隙特征与渗透性

　　试验土样取自山东省东营市美奥生物有限公司(37°18′7″N,118°38′7″E)附近农田,赋存深度为 0 cm、10 cm、20 cm、30 cm、40 cm、50 cm、60 cm,分别用 S0、S1、S2、S3、S4、S5、S6 表示。

5.3.1 不同深度盐碱土的孔隙比

孔隙比是土体结构特征评价的重要指标,不同深度盐碱土的孔隙比试验结果如图 5-5 所示。

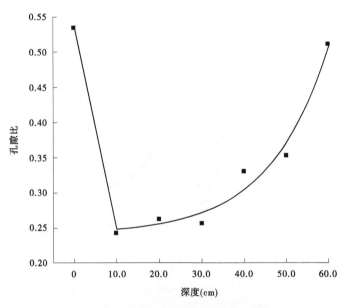

图 5-5 不同深度盐碱土的孔隙比曲线

可见,表层盐碱土样的孔隙比最大,其原因为表层土受到的扰动较大;在 10～60 cm 深度范围内,土样的孔隙比随取样深度的增加而逐渐增大,呈指数关系分布,最小孔隙比 0.24、最大孔隙比仅 0.52。由此得出,研究区域的盐碱土整体结构致密、孔隙不发育,渗透性差。

5.3.2 不同深度盐碱土的孔隙直径与体积分布

根据 Shear 等的孔径划分原则及王升福等对土中孔隙分布的研究成果,将黄河三角洲盐碱土的孔径划分为 5 类,见表 5-5。

表 5-5 孔隙类型划分

孔隙类型	孔径范围(μm)	孔隙类型
大孔	$d \geqslant 20$	团粒间孔隙与部分团粒内孔隙
中孔	$10 \leqslant d < 20$	团粒内孔隙
小孔	$2 \leqslant d < 10$	团粒内孔隙与部分颗粒间孔隙
微孔	$0.1 \leqslant d < 2$	颗粒间孔隙
超微孔	$d < 0.1$	颗粒内孔隙

进行压汞试验,得到不同深度盐碱土的孔隙特征分布曲线,如图 5-6 所示;统计各深

度层位盐碱土的孔隙体积比例,如图 5-7 所示;统计盐碱土的孔隙直径与体积分布情况,见表 5-6。

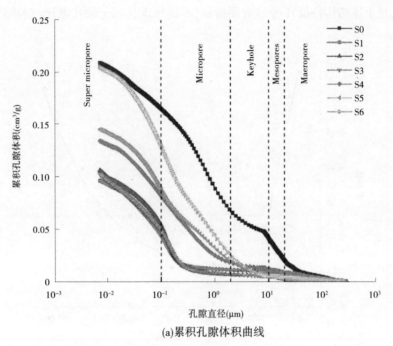

(a)累积孔隙体积曲线

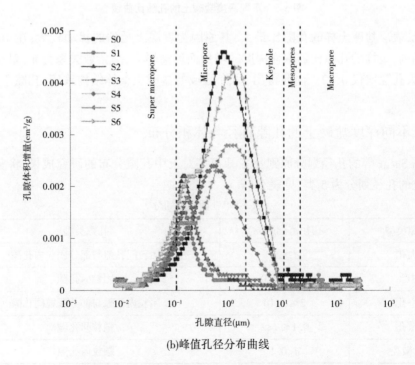

(b)峰值孔径分布曲线

图 5-6　不同深度盐碱土的孔隙特征分布曲线

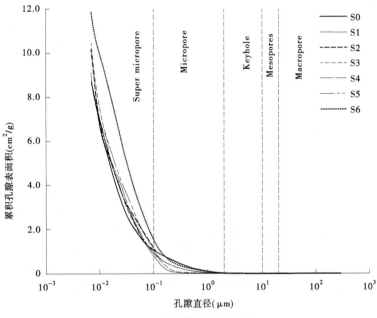

(c)累积孔隙表面积曲线

续图 5-6

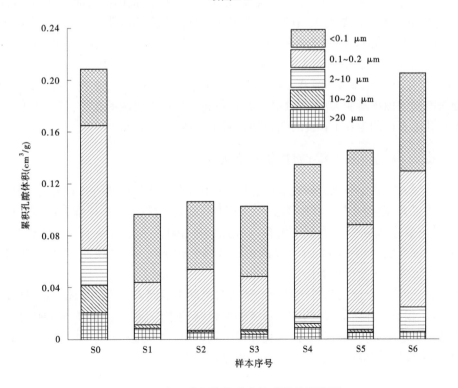

图 5-7　各深度层位盐碱土的孔隙体积比例

表 5-6　各深度层位盐碱土的孔隙直径与体积分布

土样	孔隙直径(μm)			孔隙体积(mm^3/g)				
	平均孔径	中值孔径	最可几孔径	大孔隙	中孔隙	小孔隙	微孔隙	超微孔隙
S0	0.098	0.744	0.606	20.2	21.5	27.2	96.1	43.8
S1	0.045	0.089	0.121	8.5	1.5	1.3	32.8	52.3
S2	0.042	0.101	0.126	4.9	1.4	0.4	47.1	52.6
S3	0.039	0.090	0.135	3.5	2.2	1.4	40.9	54.4
S4	0.061	0.169	0.091	8.6	2.9	5.9	64.3	52.8
S5	0.064	0.155	0.093	5.2	1.1	13.5	68.0	57.6
S6	0.069	0.172	0.112	4.9	1.0	18.2	105.4	75.5

可见,该区域耕地盐碱土主要由微孔隙和超微孔隙组成,超微孔隙体积随深度增加而单调增大;盐碱土的平均累积孔隙体积为 0.142 7 cm^3/g,其中表层盐碱土为 0.208 8 cm^3/g,在 10~60 cm 范围内,随赋存深度增加,盐碱土的累积孔隙体积单调增加至 0.205 cm^3/g;$d > 0.1$ μm 孔隙累积体积的大幅度增加并未伴随累积表面积的明显变化,可见 $d < 0.1$ μm 的超微孔隙对孔隙表面积的贡献最大,因此随深度增加盐碱土的吸附能力加强;不同深度盐碱土的峰值孔隙直径分别为 0.743 6 μm、0.150 8 μm、0.146 7 μm、0.166 1 μm、0.558 4 μm、1.312 0 μm、1.502 0 μm,均属于微孔隙(0.1~2 μm),除表层盐碱土外,峰值孔径随深度的增加逐渐变大;最可几孔径是指材料中最可能出现的孔径,可见耕地盐碱土的最可几孔隙直径约为 0.1 μm,表明耕地盐碱土以微孔隙为主。

5.3.3　提高耕地盐碱土渗透性的途径探讨

耕地盐碱土的孔隙性试验研究表明,盐碱土主要由微孔隙和超微孔隙组成,表层盐碱土的孔隙比最大、超微孔隙体积随深度增加而单调增大、盐碱土的吸附能力随深度增加而加强,盐碱土整体结构致密、孔隙不发育、渗透性差。因此,表层盐碱土渗透性相对较好,能够形成毛细现象;而 10~60 cm 深度的耕地盐碱土不能产生毛细现象,将会阻断因地下水位升降而形成的水盐运移通道。

对盐碱土淋洗时,土的渗透性是影响洗盐效果的重要因素。改变土体结构、提高土颗粒间孔隙性、畅通土体内部渗流通道、形成连通性强的水渗流网络(如图 5-8 所示),应是提高耕地盐碱土渗透性的有效途径。具体措施包括向土中掺杂一定比例的大粒径砂石等高孔隙材料,以提高其渗透能力,亟待进一步深入研究。

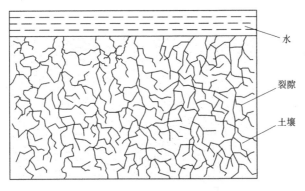

图 5-8　土体内部的水渗流网络

5.4　稳定层位粉质盐碱土孔隙特征与渗透性

5.4.1　试验材料与方法

试验土样采自山东省东营市西马楼村粉质盐碱土,取样深度为 40 cm,条件稳定、具有代表性。采用扫描电镜试验、压汞试验、变水头渗透试验及室内土柱渗透试验,研究 40 cm 深度层位粉质盐碱土的孔隙特征与渗透性关系。粉质盐碱土的基本物理性质见表 5-7,矿物组成情况见表 5-8。

表 5-7　粉质盐碱土的基本物理性质

孔隙度（%）	干密度（g/m³）	含盐量（%）	土颗粒组成（%）		
			砂粒(0.2~0.05 mm)	粉粒(0.05~0.001 mm)	黏粒(< 0.001 mm)
33.25	1.55	2.20	6.83	90.93	2.24

表 5-8　粉质盐碱土的矿物组成

矿物成分	石英	方解石	正长石	钠长石	伊利石	绿泥石
占比(%)	74.91	7.22	4.42	7.77	4.39	1.06

5.4.1.1　变水头渗透试验

试验按《土工试验规程》(YS/T 5225—2016)的规定进行,变水头渗透试验装置如图 5-9 所示。

用环刀切取土样进行饱和处理后,将其推入套筒内,压入止水垫圈,装好带有透水板的上下盖,与水头装置连通,使水通过进水管注入渗透容器。在一定水头作用下静置一定时间,待出水管口有水溢出时,进行试验测定。将水头管充水至一定高度后,关闭止水夹,开动秒表,测记一定时间内的起止水头。连续测记 3 次后,将水头管水位推升至开始高度,重复上述操作 3 次,试验终止。

5.4.1.2　室内土柱渗透试验

试验用土柱由壁厚 5 mm、外径 20 cm、高 50 cm 的有机玻璃圆筒制成,底部均匀设置排水孔,如图 5-10 所示。

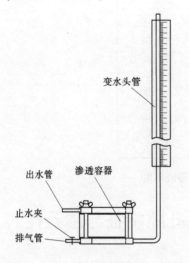
图 5-9　变水头渗透试验装置示意图

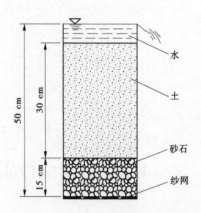
图 5-10　室内土柱渗透试验装置示意图

　　试验用土经风干、破碎、过 2 mm 筛后均匀混合,按照原始容重分层填装到玻璃土柱中,每层压实到 5 cm 厚,并在层与层之间进行抛毛处理,填土高度为 30 cm。在土柱底部铺设厚 15 cm 的砂石作为反滤层,底部用纱网封堵,防止砂石掉漏。

　　试验过程中,控制土柱水头为 5 cm 不变,观察湿润锋推进深度,每推进 2 cm 记录一次时间,至 30 cm 处止。待渗水量稳定后,每 3 h 记录一次渗水量,24 h 后停止。设计 3 组平行试验,代号分别为 A、B、C。

5.4.2　粉质盐碱土孔隙特征的扫描电镜定性分析

　　对粉质盐碱土进行扫描电镜试验,得到放大 100 倍、1 000 倍、2 000 倍、3 000 倍的图片,见图 5-11。

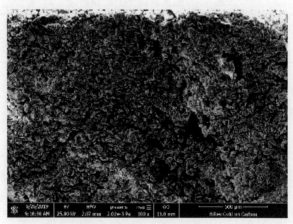
(a)放大 100 倍
图 5-11　粉质盐碱土孔隙特征的扫描电镜图片

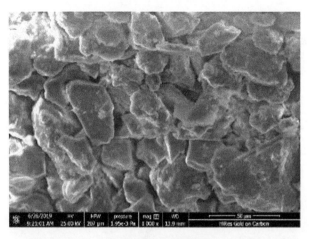

(b)放大 1 000 倍

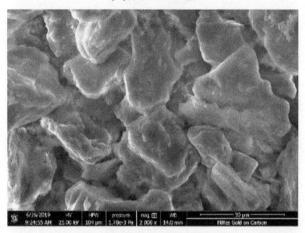

(c)放大 2 000 倍

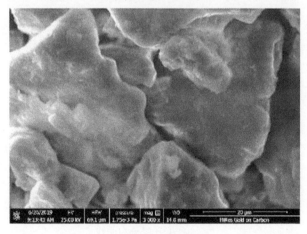

(d)放大 3 000 倍

续图 5-11

可见,该粉质盐碱土的土颗粒以单粒为主,颗粒间隙较大,孔隙发育,分布均匀,表面光滑,孔隙多呈条状、连通性好,因此渗透性好。

5.4.3 粉质盐碱土孔隙特征的压汞法(MIP)定量分析

对粉质盐碱土进行压汞试验,得到累积进汞曲线及孔径分布曲线,如图 5-12 所示;根据 Shear 等的孔径划分理论及进汞曲线斜率变化等,得到土样各孔径含量的百分数,见表 5-9。

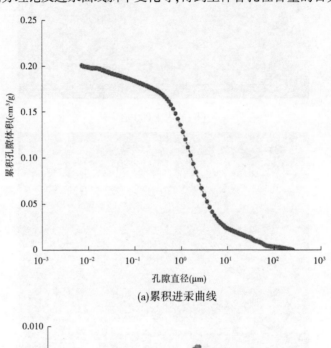

(a)累积进汞曲线

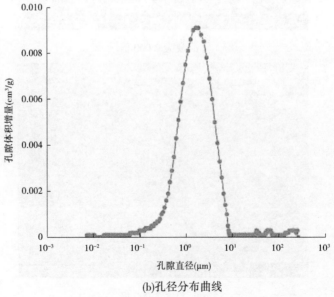

(b)孔径分布曲线

图 5-12　粉质盐碱土压汞试验结果

表 5-9 粉质盐碱土各孔径含量的百分数

孔径 d （μm）	$d \geqslant 20$ （大孔隙）	$10 \leqslant d < 20$ （中孔隙）	$2 \leqslant d < 10$ （小孔隙）	$0.1 \leqslant d < 2$ （微孔隙）	$d < 0.1$ （超微孔隙）
含量(%)	8.43	3.19	30.51	49.34	8.53

可见,粉质盐碱土的孔径分布于 0.1~10 μm 且呈单峰分布,小孔隙和微孔隙的体积平均占总孔隙体积的 79.85%,表明粉质盐碱土的孔隙主要由小孔隙和微孔隙构成,渗透性良好。

5.4.4 原状粉质盐碱土的变水头渗透试验

土的渗透系数由下列公式计算得到:

$$k_T = \frac{aL}{At} \ln \frac{h_1}{h_2} \qquad (5-2)$$

$$k_{20} = k_T \frac{\eta_T}{\eta_{20}} \qquad (5-3)$$

式中:k_T 为水温 T 时试样的渗透系数,cm/s;a 为变水头管截面面积,cm²;L 为渗径,等于试样高度,cm;h_1 为起始水头,cm;h_2 为终止水头,cm;A 为试样断面面积,cm²;t 为经历时间,s;k_{20} 为标准温度(20 ℃)时试样的渗透系数,cm/s;η_T 为水温 T 时水的动力黏滞系数,10^{-6} kPa·s;η_{20} 为 20℃时水的动力黏滞系数,10^{-6} kPa·s。

《水利水电工程地质勘察规范》(GB 50487—2008)规定了岩土体渗透性分级标准,见表 5-10。

表 5-10 岩土体渗透性分级标准

渗透性等级	渗透系数 K(cm/s)	土类
极微透水	$K < 10^{-6}$	黏土
微透水	$10^{-6} \leqslant K < 10^{-5}$	黏土—粉土
弱透水	$10^{-5} \leqslant K < 10^{-4}$	粉土—细粒土质砂
中等透水	$10^{-4} \leqslant K < 10^{-2}$	砂—砂砾
强透水	$10^{-2} \leqslant K < 1$	砂砾—砾石、卵石
极强透水	$K \geqslant 1$	粒径均匀的巨砾

对原状粉质盐碱土进行变水头渗透试验,得到每 5 min 内的起始水头 h_1 与终止水头 h_2,见表 5-11;根据土的渗透系数计算公式,得到原状粉质盐碱土的渗透系数,亦见表 5-11。

表 5-11 原状粉质盐碱土的变水头渗透试验结果

次数	经历时间 t （s）	起始水头 h_1 （cm）	终止水头 h_2 （cm）	渗透系数 k_{20} （cm/s）	平均渗透系数 k_{20} （cm/s）
1	300	170.0	153.4	$8.16×10^{-5}$	
	300	153.4	140.8	$6.81×10^{-5}$	
	300	140.8	130.2	$6.21×10^{-5}$	
2	300	170.0	155.6	$7.03×10^{-5}$	$6.46×10^{-5}$
	300	155.6	143.8	$6.26×10^{-5}$	
	300	143.8	133.2	$6.08×10^{-5}$	
3	300	170.0	156.4	$6.62×10^{-5}$	
	300	156.4	145.1	$5.95×10^{-5}$	
	300	145.1	136.2	$5.03×10^{-5}$	

可见，试验得到原状粉质盐碱土的渗透系数为 $6.46×10^{-5}$ cm/s。根据岩土体渗透性分级标准，该原状粉质盐碱土的透水性属于弱透水等级，土的类别介于粉土—细粒土质砂，渗透性较好。

5.4.5 重塑粉质盐碱土的渗透试验

5.4.5.1 湿润锋运移与时间关系的室内土柱常水头渗透试验

通过室内土柱常水头渗透试验，得到 A、B、C 三组土柱湿润锋运移距离与时间的关系曲线，如图 5-13 所示。

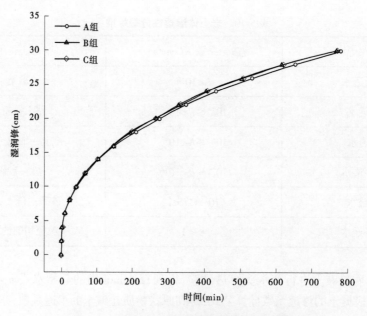

图 5-13 湿润锋运移距离与时间的关系曲线

可见,3 组原状粉质盐碱土平行试验的结果基本相同。初始阶段的曲线斜率大,湿润锋运移速度快,随着时间的延长,曲线斜率减小,湿润锋运移速度降低并趋于稳定;湿润锋行经 0~10 cm、10~20 cm、20~30 cm 深度位置,分别耗时 40 min、225 min 和 505 min,湿润锋运移越来越慢。由于入渗初期的上、下层土壤间吸力梯度大,土中水在重力势和基质势的共同作用下迅速下渗。随着时间的延长,上层土壤吸收的水部分转化为毛管水,而重力水继续下渗,降低了上层土壤的含水量,继而导致上、下层土壤间的吸力梯度降低,因此湿润锋运移速度减小。

5.4.5.2　重塑粉质盐碱土的室内土柱渗透试验

对重塑粉质盐碱土进行室内土柱常水头渗透试验,设计 A、B、C 三组平行试验。当土柱底部的渗出水量稳定时,每 3 h 测得 1 次渗水量,结果见表 5-12。

表 5-12　每 3 h 渗水量　　　　　　　　　（单位:cm³)

Q_A	Q_B	Q_C	平均
30.2	30.1	29.4	
28.3	30.0	28.8	
30.1	29.3	30.1	
29.5	28.6	29.3	
29.4	28.2	29.8	29.4
29.0	29.5	30.6	
29.2	29.0	29.5	
29.5	29.8	29.3	

注:表中 Q_A、Q_B、Q_C 分别表示 A、B、C 三个试验土柱的渗水量。

可见,A、B、C 三组试验的每 3 h 渗水量相近,平均为 29.4 cm³,平均渗透速率为 0.035 cm/h(土柱的横断面积 283.528 7 cm²),渗透速率较慢。

取均质重塑粉质盐碱土进行变水头渗透试验,渗透系数试验结果见表 5-13。

表 5-13　重塑土变水头渗透试验结果

次数	经历时间 t (s)	起始水头 h_1 (cm)	终止水头 h_2 (cm)	渗透系数 k_{20} (cm/s)	平均渗透系数 k_{20} (cm/s)
1	30	160.0	159.1	$3.12×10^{-5}$	
	30	159.1	158.2	$3.14×10^{-5}$	
	30	158.2	157.3	$3.16×10^{-5}$	
2	30	160.0	159.3	$2.43×10^{-5}$	
	30	159.3	158.7	$2.09×10^{-5}$	$2.40×10^{-5}$
	30	158.7	158.1	$2.10×10^{-5}$	
3	30	160.0	159.5	$1.73×10^{-5}$	
	30	159.5	158.9	$2.09×10^{-5}$	
	30	158.9	158.4	$1.75×10^{-5}$	

可见,重塑粉质盐碱土的渗透系数为 2.40×10^{-5} cm/s,渗透能力较原状土差,这是因为重塑土破坏了原状土的絮凝集聚体,导致渗透性降低。根据岩土体渗透性分级标准,该重塑粉质盐碱土的透水性亦属于弱透水等级,土的类别介于粉土—细粒土质砂,渗透性较好。

第 6 章　黄河三角洲典型盐碱地
含盐量空间分布

对区域内平面位置及剖面层位的代表性盐碱土取样,从空间上分析盐碱地含盐量的分布规律,用以指导盐碱地的差异化改良。

6.1　盐碱地采样点的空间分布

盐碱地样本采集点的平面位置涉及山东省东营市的农高区、广饶县及河口区,剖面层位选择覆盖盐碱土表层至 100 cm 深度(仅一处达到 176 cm 深度)。具体取自美奥生物有限公司附近的农田、李屋村村头河床、西马楼村林(草)地、农高区科教基地、黄河口湿地公园、黄河口保留区等地,时间覆盖了 2018 年夏、秋、冬三个季节。盐碱地样本采集点的平面位置分布,部分见图 6-1,样本的剖面层位选择见表 6-1。

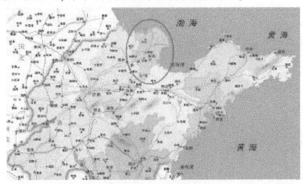

(a)黄河三角洲范围

(b)试验取样黄河口湿地公园位置

图 6-1　部分盐碱地样本采集点的平面位置

(c)试验取样黄河口保留区位置

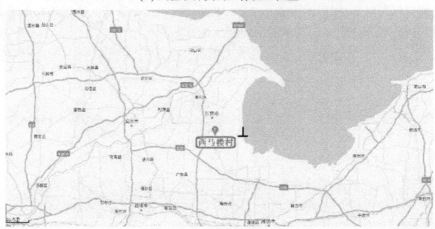

(d)试验取样西马楼村位置

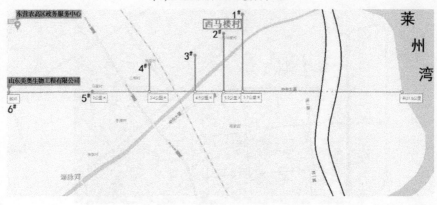

(e)试验取样距离海边相对位置

续图 6-1

表 6-1 盐碱地样本的剖面层位选择

2018 年夏季(8 月 13 日)

样本采集的平面位置	样本采集的剖面层位(cm)
美奥生物有限公司	0
	30
	60
	100
农高区科教基地	116
	146
	176
黄河口湿地公园	0
	20
	50
	70

2018 年秋季(11 月 7~8 日)

样本采集的平面位置	样本采集的剖面层位(cm)
美奥生物有限公司	0
	30
	60
李屋村村头河床	0
	30
	60
黄河口保留区	0
	30
	60
黄河口湿地公园	0
	30
	60

续表 6-1

2018 年冬季(11 月 30 日至 12 月 1 日,未冰冻)	
样本采集的平面位置	样本采集的剖面层位(cm)
美奥生物有限公司	0
	10
	20
	30
美奥生物有限公司(距离海边 6 号点)	40
美奥生物有限公司	50
	60
西马楼村林(草)地	0
	10
	20
	30
西马楼村林(草)地(距离海边 1 号点)	40
	50
西马楼村林(草)地	60
	70
	80
距离海边 2 号点	40
距离海边 3 号点	40
距离海边 4 号点	40
距离海边 5 号点	40

6.2　重量法测定土的含盐量

6.2.1　试验方法

分 3 次(2018 年 8 月 13 日、2018 年 11 月 7~8 日、2018 年 11 月 30 日至 12 月 1 日)采

集盐碱土表层至 100 cm 深度的 84 组样本,试验在山东农业大学岩土工程与土壤物理实验室进行,采用较为准确的重量法(烘干法)进行土壤含盐量的测定。

将待测土样进行编号后装入铝盒内,放进烘箱中,在 105 ℃温度下烘 8 h。将烘干的土样磨碎,过 1 mm 筛孔后装袋备用。用天平称取 50.00 g 土样倒入 250 mL 的三角瓶内,加入 250 mL 的去离子水,用手振荡 3 min,使盐分充分溶解在水中。之后将悬液土浆进行静置沉淀,待沉淀完成后将悬液土浆通过滤膜过滤到已称重的三角瓶内,若发现溶液呈黄色,则滴加浓度 15%的过氧化氢氧化有机质。最后把三角瓶放入烘箱内烘 48 h,取出烘箱内三角瓶,采用万分位的天平称取三角瓶的总质量。

6.2.2　含盐量计算

土壤含盐量是指土壤中所含盐分的质量占土壤干质量的百分数,计算公式为

$$y = \frac{m_1 - m_0}{m} \times 100\% \tag{6-1}$$

式中:y 为土壤含盐量(%);m 为土壤样品的质量,g;m_1 为烘干的三角瓶与盐分质量之和,g;m_0 为三角瓶的烘干重,g。

选择其中 42 个样本,应用烘干法测定其含盐量及电导率,结果如图 6-2 所示。

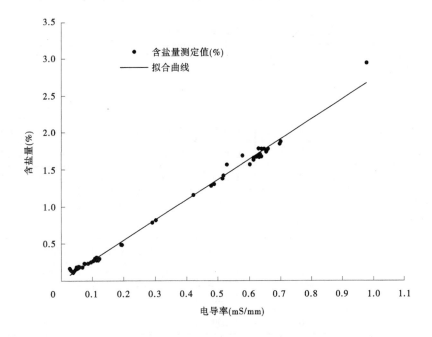

图 6-2　区域盐碱土含盐量和电导率关系

拟合建立研究区域盐碱土含盐量 y(%)和电导率 x(mS/mm)的关系:

$$y = -0.001\,86 + 2.741\,39x \approx 2.74x \tag{6-2}$$

试验数据拟合该公式的相关性 $R^2 = 0.993\,494$,可以应用于确定区域盐碱土的含盐量。计算得到黄河三角洲研究区域盐碱土的含盐量,见表 6-2~表 6-4。

表 6-2　研究区域盐碱土的含盐量—2018 年夏季(8 月 13 日)

样本采集的平面位置	样本采集深度 (cm)	电导率(mS/mm)				含盐量 (%)
		1	2	3	平均	
美奥生物有限公司	0	4.070	3.910	3.920	3.967	1.087 422
	30	1.474	1.491	1.502	1.489	0.408 194
	60	0.558	0.552	0.542	0.551	0.150 960
	100	0.556	0.558	0.559	0.558	0.152 879
农高区科教基地	116	0.626	0.587	0.588	0.600	0.164 575
	146	0.598	0.606	0.605	0.603	0.165 306
	176	0.727	0.738	0.770	0.745	0.204 234
黄河口湿地公园	0	5.220	5.170	5.220	5.203	1.426 442
	20	1.391	1.417	1.345	1.384	0.379 501
	50	1.642	1.633	1.840	1.705	0.467 409
	70	1.590	1.515	1.507	1.537	0.421 445

表 6-3　研究区域盐碱土的含盐量—2018 年秋季(11 月 7~8 日)

样本采集的平面位置	样本采集深度 (cm)	电导率(mS/mm)				含盐量 (%)
		1	2	3	平均	
美奥生物有限公司	0	0.600	0.600	0.567	0.589	0.161 468
	30	0.576	0.649	0.663	0.629	0.172 525
	60	0.639	0.622	0.615	0.625	0.171 429
李屋村村头河床	0	1.379	1.362	1.298	1.346	0.369 084
	30	1.516	1.475	1.415	1.469	0.402 620
	60	0.893	0.889	0.906	0.896	0.245 629
黄河口保留区	0	13.420	10.530	13.130	12.360	3.388 370
	30	6.430	7.420	6.920	6.923	1.897 963
	60	4.180	3.870	4.040	4.030	1.104 784
黄河口湿地公园	0	2.200	2.250	2.070	2.173	0.595 798
	30	1.480	1.452	1.600	1.511	0.414 134
	60	2.000	1.964	1.906	1.957	0.536 401

表 6-4　研究区域盐碱土的含盐量—2018 年冬季(11 月 30 日至 12 月 1 日,未冰冻)

样本采集的平面位置	样本采集深度 (cm)	电导率(mS/mm)				含盐量 (%)
		1	2	3	平均	
美奥生物有限公司	0	0.595	0.573	0.608	0.592	0.162 291
	10	0.651	0.660	0.654	0.655	0.179 562
	20	0.467	0.476	0.449	0.464	0.127 201
	30	0.485	0.478	0.484	0.482	0.132 227
美奥生物有限公司 (距离海边 6 号点)	40	0.500	0.517	0.508	0.508	0.139 355
美奥生物有限公司	50	0.450	0.442	0.442	0.445	0.121 901
	60	0.345	0.336	0.334	0.338	0.092 751
西马楼村林(草)地	0	14.400	17.500	16.450	16.117	4.418 223
	10	8.120	8.760	9.150	8.677	2.378 621
	20	6.830	5.040	5.410	5.760	1.579 046
	30	6.090	6.400	6.120	6.203	1.700 582
西马楼村林(草)地 (距离海边 1 号点)	40	6.760	6.560	7.100	6.807	1.865 980
西马楼村林(草)地	50	5.850	5.680	5.320	5.617	1.539 753
	60	6.500	6.680	6.260	6.480	1.776 427
	70	7.530	6.700	7.170	7.133	1.955 532
	80	6.070	6.170	6.080	6.107	1.674 082
距离海边 2 号点	40	1.106	1.154	1.145	1.135	0.311 149
距离海边 3 号点	40	0.365	0.354	0.385	0.368	0.100 884
距离海边 4 号点	40	0.711	0.713	0.713	0.712	0.195 279
距离海边 5 号点	40	0.534	0.520	0.519	0.524	0.143 741

6.3　平面位置盐碱土的含盐量分布

根据试验取样点距离海边相对位置关系图,对 1~6 号采样点均统计含盐量比较稳定的 40 cm 深度位置的盐碱土样本,黄河口保留区采样点 30 cm 深度位置的含盐量作为海边的数值进行对比,以发现平面位置盐碱土的含盐量分布规律,即含盐量、离海边距离的关系。平面位置采样点的含盐量与离海边距离的关系见表 6-5、图 6-3。

表 6-5　海边相对位置采样点的含盐量

采样平面位置	海边	1 号	2 号	3 号	4 号	5 号	6 号
采样深度(cm)	30	40	40	40	40	40	40
距离海边(km)	0	25.9	26.4	27.1	28.2	29.6	31.6
含盐量(%)	1.897 963	1.865 980	0.311 149	0.100 884	0.195 279	0.143 741	0.139 355

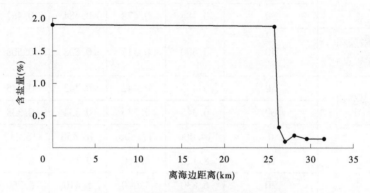

图 6-3　含盐量与离海边距离的关系曲线

在本书的研究区域,黄河三角洲的盐碱地越靠近海洋,土壤 40 cm 深处的含盐量越高,符合普遍规律。但是距离海边约 26 km 的平面范围内,土壤的含盐量高于 1.8%,属于盐土级;距离海边 26 km 以远,土壤的含盐量降至 0.2%左右,尤其距离海边约 30 km 位置,土壤 40 cm 深处的含盐量介于 0.1%~0.2%;随着距离海边的距离增加到 30 km,研究区域黄河三角洲 40 cm 深处的盐碱地依次覆盖了盐土、重度盐碱土、中度盐碱土和轻度盐碱土。

6.4　深度层位典型盐碱地的含盐量分布

传统观点认为"滨海盐碱地随着深度的增加盐碱化程度趋于严重,因为越深处越容易受到海水的侵蚀。"该结论应该是有条件的。以垦利县为研究对象,查阅资料(王卓然,等)得到不同深度土层土壤含盐量:深度 0~15 cm 土中的含盐量平均值为 0.68%;深度 15~30 cm 土中的含盐量平均值为 0.72%;深度 30~45 cm 土中的含盐量平均值为 0.77%;据此得出"随着深度的增加盐碱化程度趋于严重"的结论亦显得牵强,因为三个含盐量值差异不明显,或需注明先决条件"在 45 cm 深度范围内"。

本书在黄河三角洲盐碱地的 9 个研究区域,检测得到含盐量随深度增加的变化规律,如图 6-4 所示。

可见,在 100 cm 深度范围内,随着深度的增加,黄河三角洲研究区盐碱地的盐碱化程度趋低,并在约 30 cm 深度以下各低级含盐量水平保持稳定,未出现含盐量反弹的现象。研究区域盐碱地土壤中、下层的含盐量低而稳定,表明黄河三角洲研究区域的盐碱土结构致密、透水性差、淋洗不易,同时又会起到抵御深层海水向上侵蚀的作用。

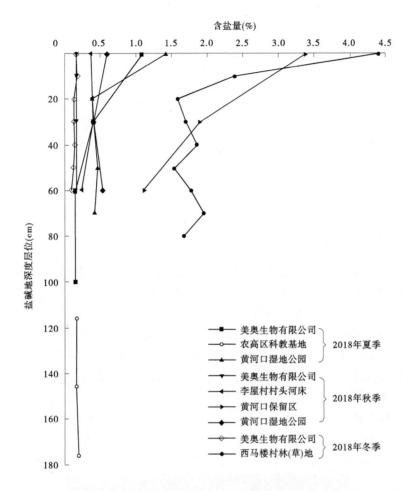

图 6-4　黄河三角洲研究区域盐碱地的含盐量与深度关系

第 7 章　黄河三角洲盐碱土结构冻胀效应

黄河三角洲区域盐碱地受每年一度的季节性冻融影响,周期性作用的结果使盐碱土的结构与构造破坏、孔隙性变化,直接影响盐碱土中的水盐迁移规律。

7.1　试验材料与方法选择

7.1.1　试验土样采集

盐碱地在全球范围内广泛分布于寒带、温带到热带等地区,黄河三角洲位于东经118°07′~119°10′,北纬37°14′~38°12′,面积约 5 400 km²,大部分位于东营市境内。黄河多次改道形成了岗、坡、洼相间排列的微地貌类型,地势西南高、东北低,自然比降为1/8 000~1/12 000,海拔低于 15 m。该地区年平均日照时数为 2 590~2 830 h,无霜期211 d;年均降水量为 530~630 mm,70%分布在夏季,年平均蒸发量为 750~2 400 mm。黄河三角洲属于暖温带大陆性季风气候,年平均气温 11.7~12.6 ℃,极端最高气温41.9 ℃,极端最低气温−23.3 ℃。

冻结与冻融对盐碱土的工程性质具有较大影响,本书以山东省东营市西马楼村(37°19′48″N,118°42′45″E)的盐土为目标,研究冻胀盐碱土的细观结构特征及其与排盐机制之间的关系。试验土样采集见图 7-1。

图 7-1　试验土样采集

取样深度40 cm,扰动小。将土体放坡,先小范围开挖至40 cm深处确定标高,再依标高向周围开挖形成工作面,重复测量确定工作面标高后实施取样。设计内径50 mm 的PVC 管 100 根,削尖一端,内壁涂抹润滑油,分10 批,管平面间距50 mm 打入土体,最后挖出土样。将挖出的土柱削平上下表面、覆膜,连同模具一起封存备用。

7.1.2　不同含水率试样制备

采用烘干法和水膜转移法改变试样含水率,以获得不同含水率的土样。将 100 块试样拆模后用土工刀去除多余部分,加工成直径 50 mm、长 105 mm 的标准试件,然后置于烘箱内烘烤,间隔 20 min 取出 20 块,覆膜置于阴暗处存放 48 h(水分布均匀)后测试其含水率,得到含水率分别为 10%、15%、20%、24%、26%的试样,每一含水率制备 15 个试样。烘箱见图 7-2,制备不同含水率的试样见图 7-3。

图 7-2　烘箱

7.1.3　试验设计与试样组别划分

依据黄河三角洲年均降水量 530~630 mm、极端最低气温-23.3 ℃等条件,设计 5 组冻结温度分别为 -5 ℃、-10 ℃、-15 ℃、-20 ℃、-25 ℃,分别对应 5 组含水率 10%、15%、20%、24%、26%的试验,共计 25 组。每组试验重复做 3 个试样以避免结果离散性影响,共计 75 个试样。试验设计与试样组别划分见表 7-1。

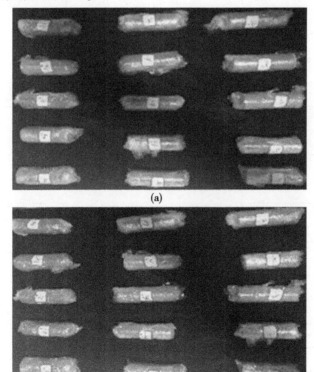

(a)

(b)

图 7-3　不同含水率的试样

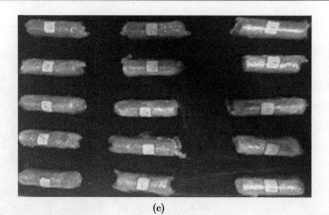

(c)

续图 7-3

表 7-1　试验设计与试样组别划分

试验组别	冻结温度(℃)	含水率(%)
A1		10
A2		15
A3	−5	20
A4		24
A5		26
B1		10
B2		15
B3	−10	20
B4		24
B5		26
C1		10
C2		15
C3	−15	20
C4		24
C5		26
D1		10
D2		15
D3	−20	20
D4		24
D5		26

续表 7-1

试验组别	冻结温度(℃)	含水率(%)
E1		10
E2		15
E3	−25	20
E4		24
E5		26

7.1.4　试验仪器设备与方法

本试验研究盐碱土的细观结构特征,先后进行原状土的物理性质试验、未冻结原状土的细观结构试验和盐碱土的冻结试验。试验用到的仪器设备主要有液塑限联合测定仪、岩石透反射偏光显微镜和冻土实验舱,Image-J 软件应用于试验图像的处理与分析。

7.1.4.1　原状土物理性质测试

按照《土工试验方法标准》(GB/T 50123—2019),采用筛析法测得土样的粒径分布,并测定土样含盐量,结果见表 7-2。采用液塑限联合测定仪测得土的液塑限,其中 5 s 锥入深度 2 mm 时土的含水率为塑限值,5 s 锥入深度 17 mm 时土的含水率为液限值。原状盐碱土的基本物理性质见表 7-3,液塑限联合测定仪如图 7-4 所示。

表 7-2　盐碱土的粒径分布与含盐量

含盐量 (%)	土的颗粒组成(%)				
	砂粒	粉粒			黏粒
	0.2~0.05 mm	0.05~0.01	0.01~0.005	0.005~0.001	<0.001
2.20	6.83	46.92	17.90	26.11	2.24
		90.93			

表 7-3　原状盐碱土的基本物理性质

塑限(%)	液限(%)	干密度(g/cm³)	不同粒径的土颗粒组成(%)			
			>0.25 mm	0.25~0.075	0.075~0.005	<0.005
21.38	33.53	1.67	7.18	37.68	46.19	8.70

可见,盐碱土的塑限为 21.38%,液限为 33.53%,塑性指数为 12.15;干密度为 1.67 g/cm³,土颗粒中的粉粒占比 90.93%,含盐量 2.20%。因此,研究区域的土壤类型为典型的滨海粉质盐土。

7.1.4.2　未冻结原状土的细观结构识别试验

山东农业大学购置上海长方光学仪器有限公司生产的 XPV-900E 型岩石透反射偏光显微镜,可识别并导出 TIF 格式图像,以便图形处理软件进行定性、定量分析。用锋利

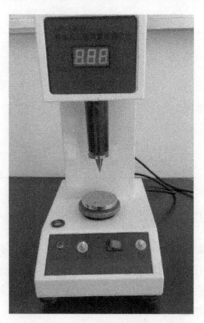

图7-4 液塑限联合测定仪

的土工刀快速切割厚约 5 mm 的土样,形成平整的观测表面,制备标准以不影响土的原始结构为原则。XPV-900E 型岩石透反射偏光显微镜见图 7-5。

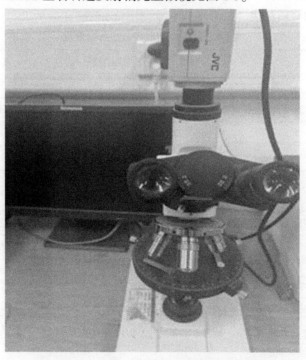

图7-5 XPV-900E 型岩石透反射偏光显微镜

拆掉显微镜底座后换装用于固定试样的组件,可以将整个试样置于显微镜下进行观测,选择放大 400 倍观测土的细观结构,所观测试样的表面即土在现场 40 cm 深处对应的层面。对每个试样的观测面(面积约 19.63 cm²)随机采集有效图片 50 张,根据概率统计的观点可以表现整个表面的细观结构特征,共获取 75 个试样未冻结状态的细观结构图片 3 750 张。观测完成后将试样覆膜、标记该试样表面,以便于冻结后观测同一表面或其对立面。未冻结盐碱土细观结构的显微镜示例图片见图 7-6。

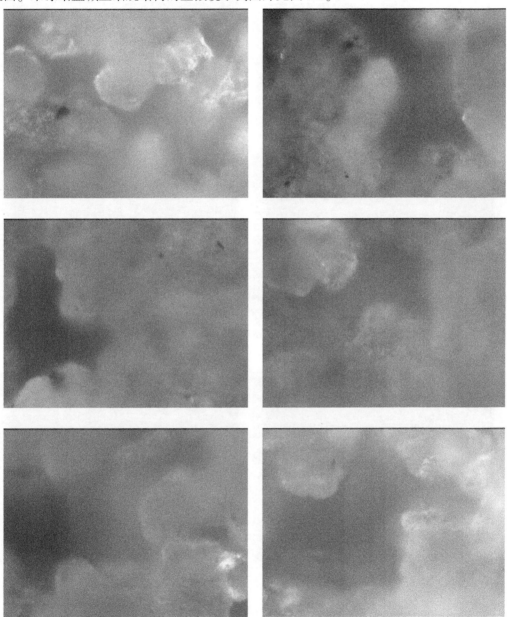

图 7-6　未冻结盐碱土细观结构的显微镜示例图片

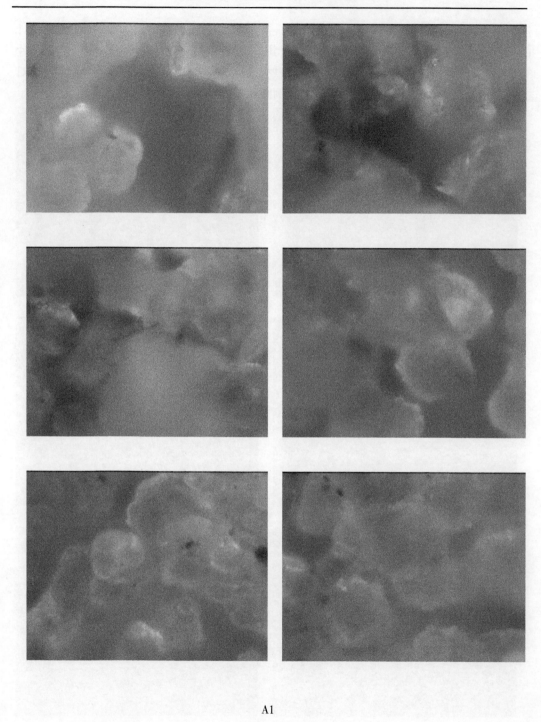

A1

续图 7-6

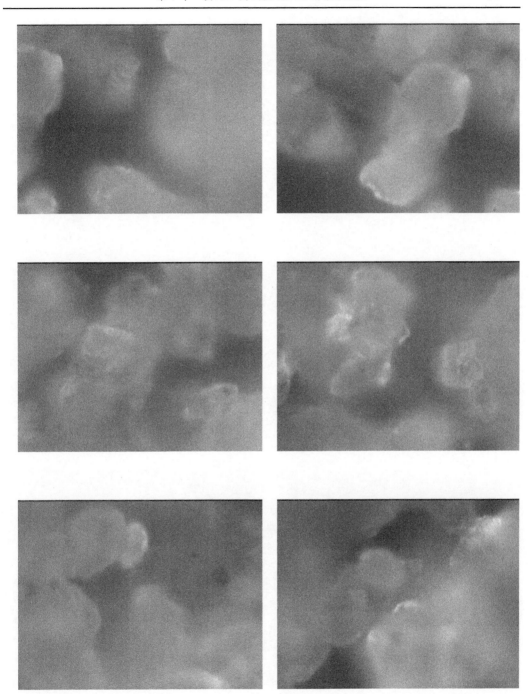

续图 7-6

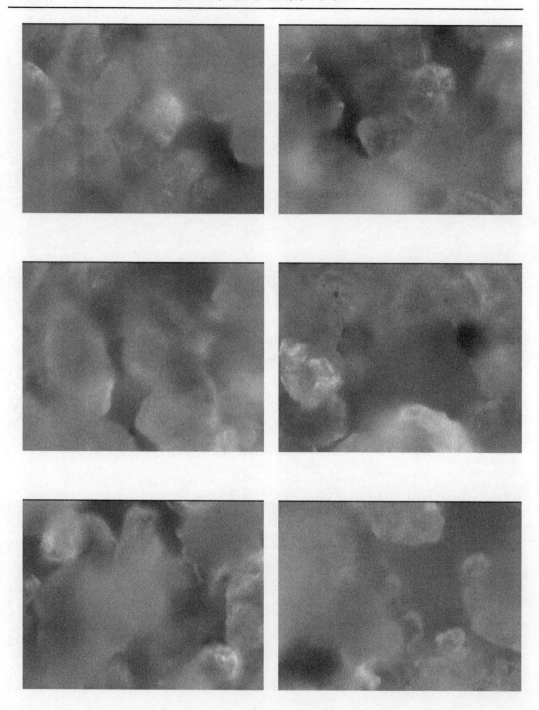

A2

续图 7-6

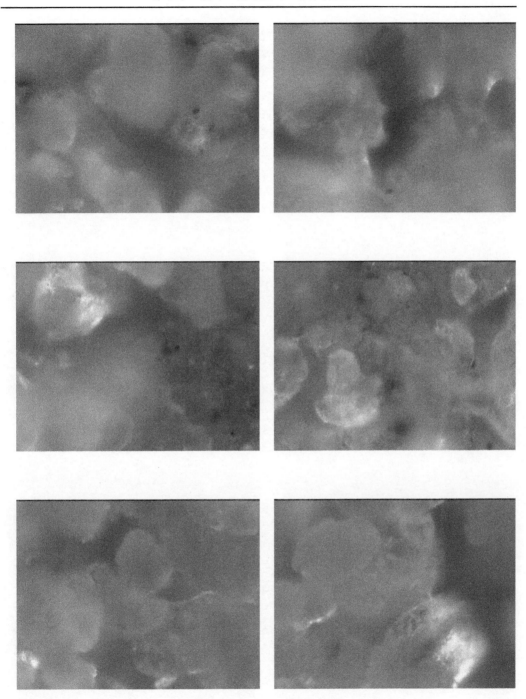

续图 7-6

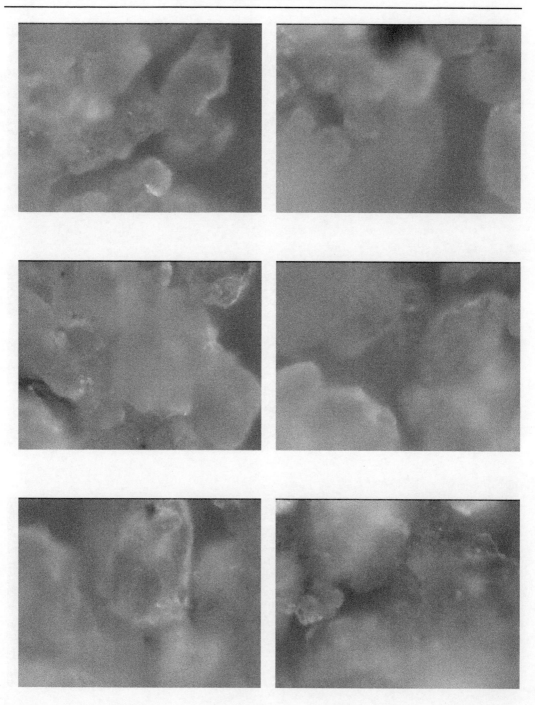

续图 7-6

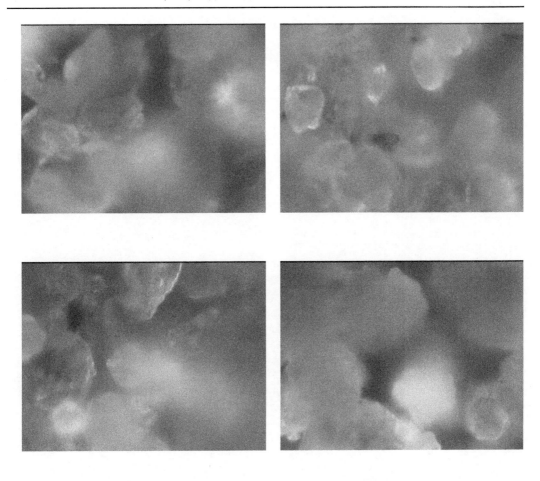

A3

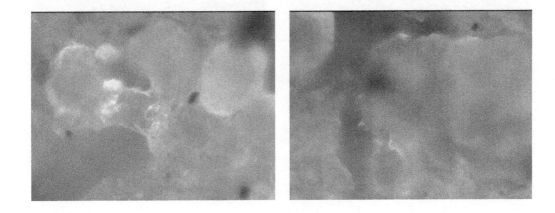

续图 7-6

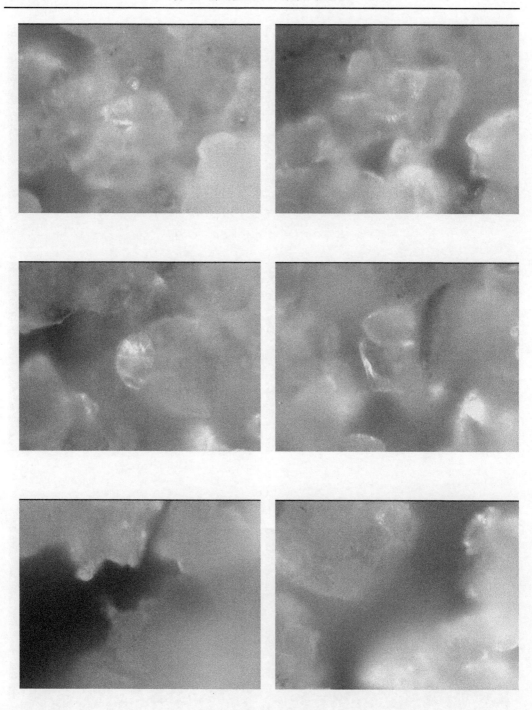

续图 7-6

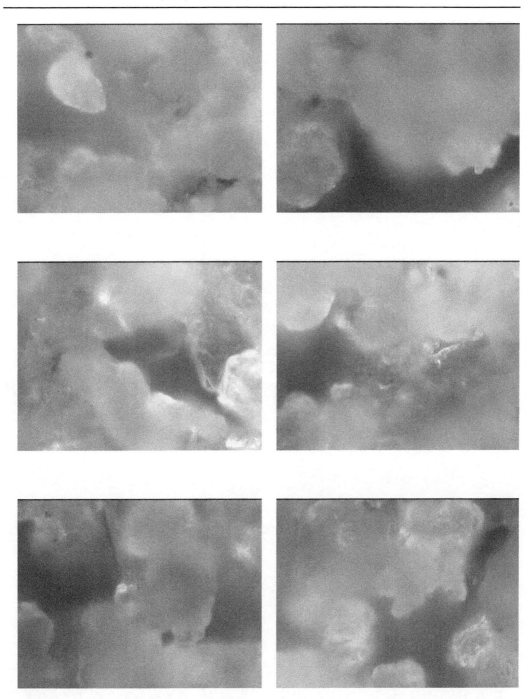

续图 7-6

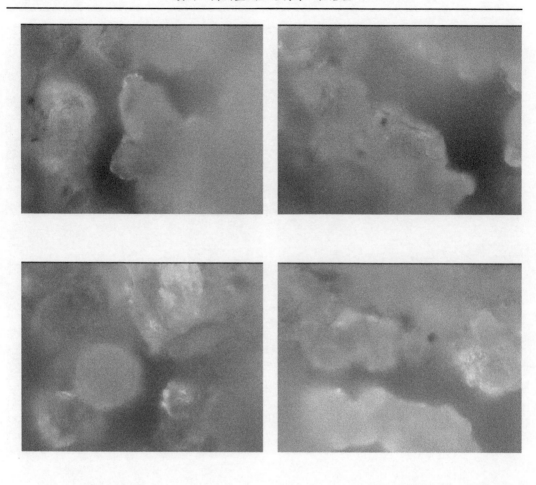

A4

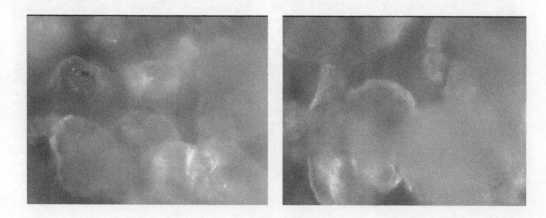

续图 7-6

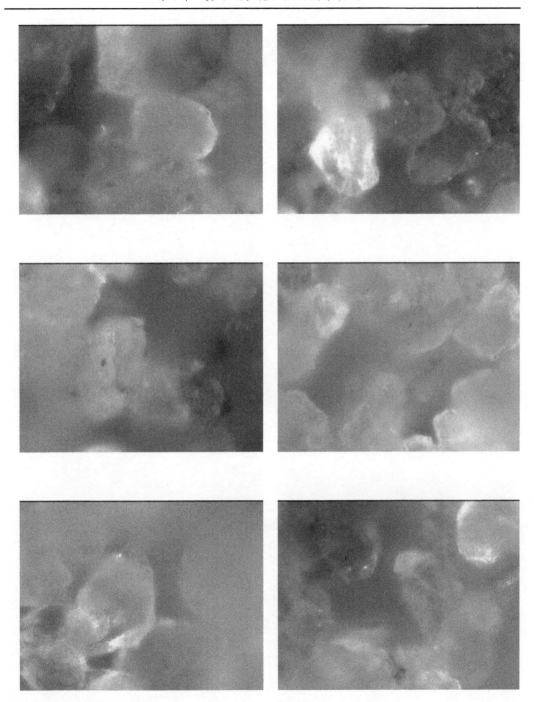

续图 7-6

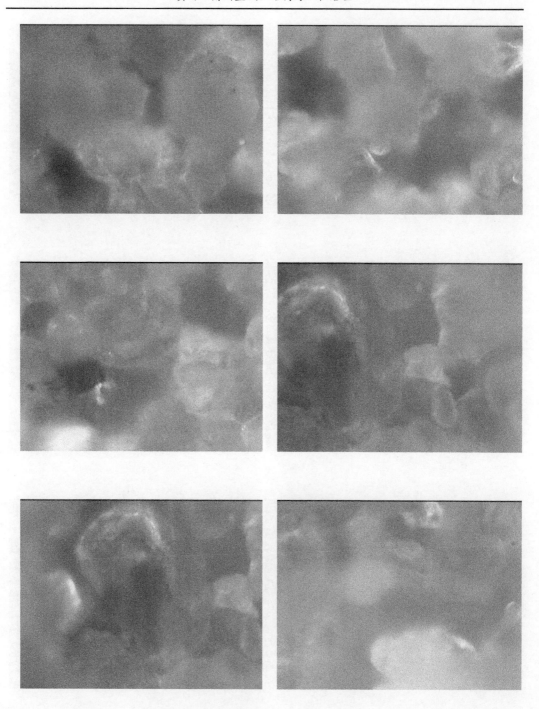

续图 7-6

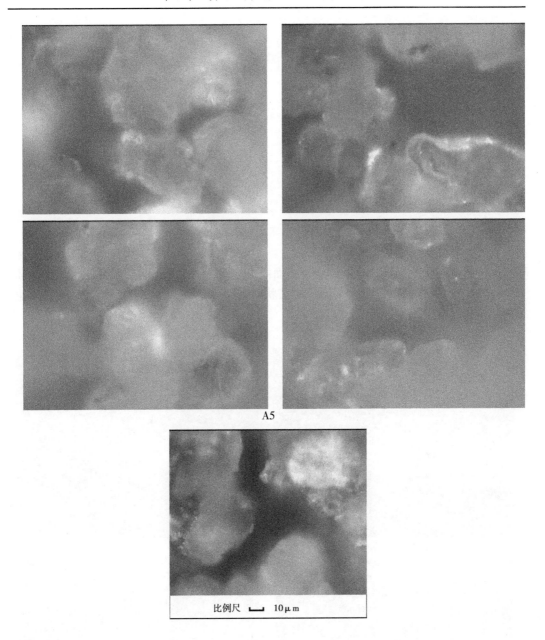

A5

比例尺 ├── 10 μm

续图 7-6

7.1.4.3　盐碱土的冻结试验

将完成显微镜观测并覆膜的试样置于冻土实验舱实施冻结,舱内的可用空间约 20 m³,可调控最低温−30 ℃,温度控制精度为±0.5 ℃,满足试验要求。按照设计温度分 5 组进行冻结,每组包含 5 种含水率的试样 15 块。每组冻结 48 h 后,及时进行细观结构观测。

山东农业大学冻土实验舱,如图 7-7 所示。

图 7-7　冻土实验舱

　　将显微镜移至冻土实验舱,每组冻结盐碱土的细观结构观测试验全过程在恒定低温环境中进行。在保证冻结盐碱土的观测断面同未冻结时一致的前提下,对每一观测断面采集有效图片 50 张,共获取 75 个试样冻结状态的细观结构图片 3 750 张。冻结盐碱土细观结构的显微镜示例图片见图 7-8。

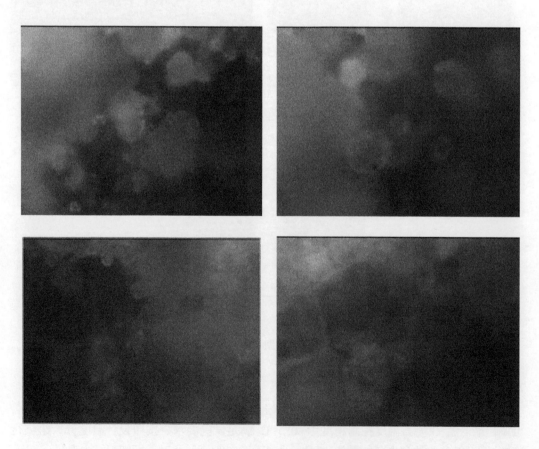

图 7-8　冻结盐碱土细观结构的显微镜示例图片

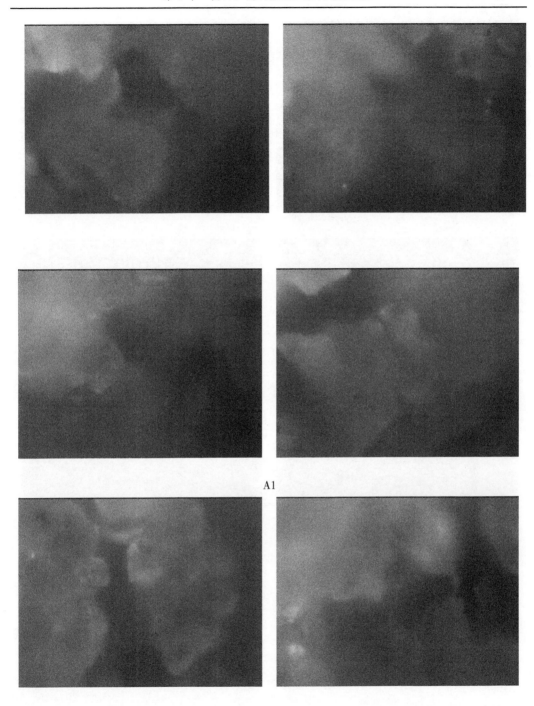

A1

续图 7-8

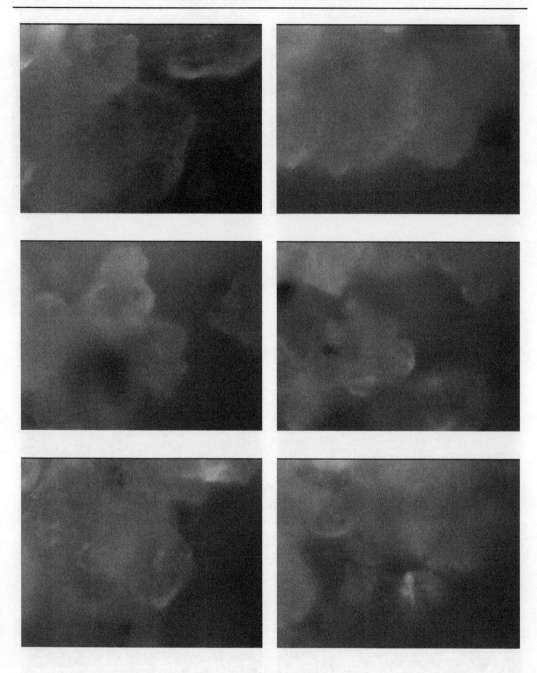

续图 7-8

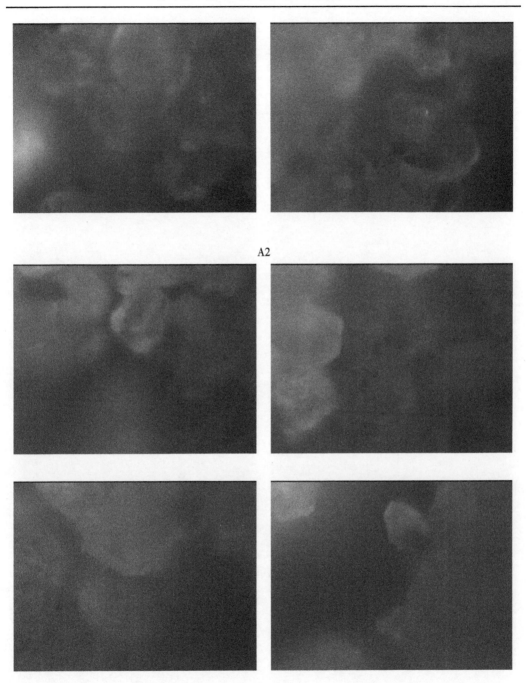

A2

续图 7-8

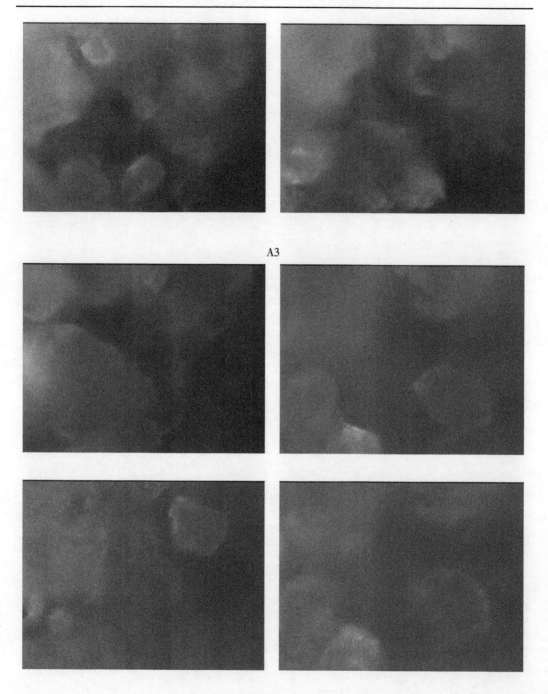

A3

续图 7-8

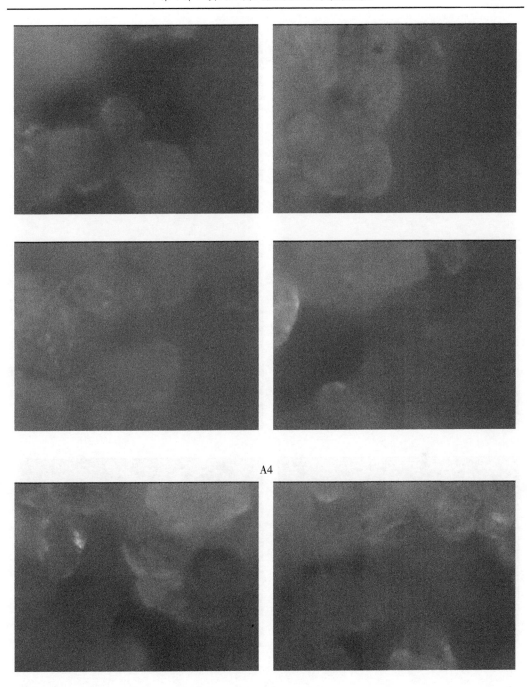

A4

续图 7-8

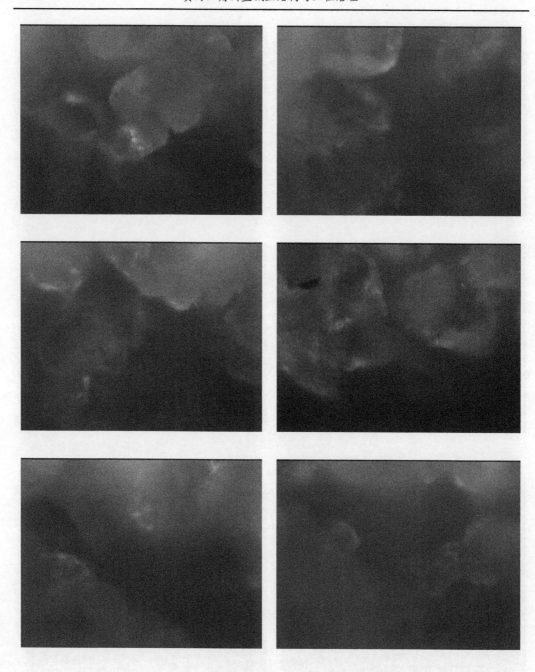

A5

续图 7-8

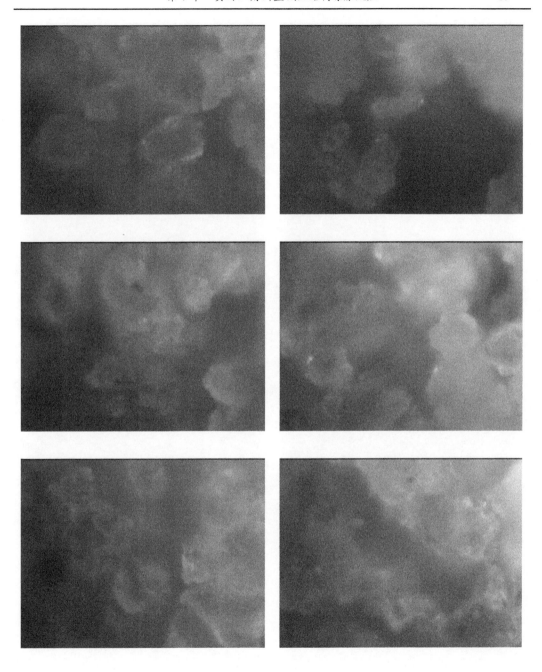

D1

续图 7-8

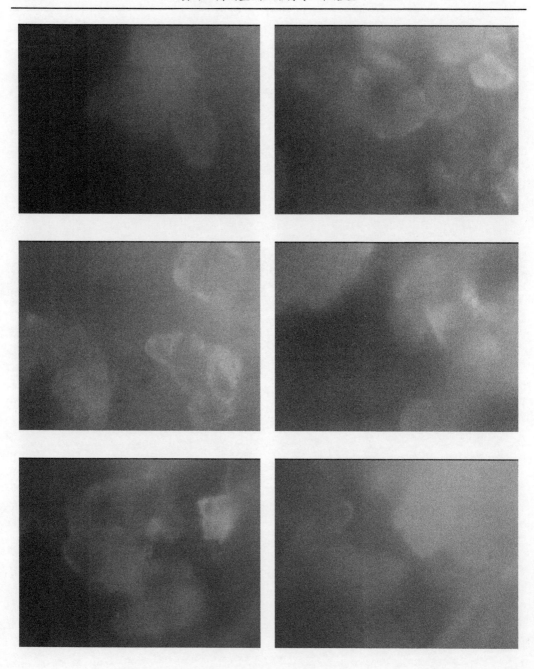

D2

续图 7-8

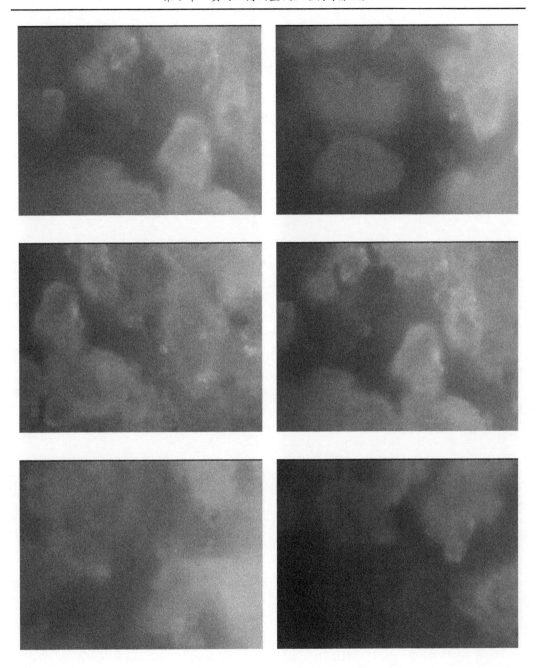

D3

续图 7-8

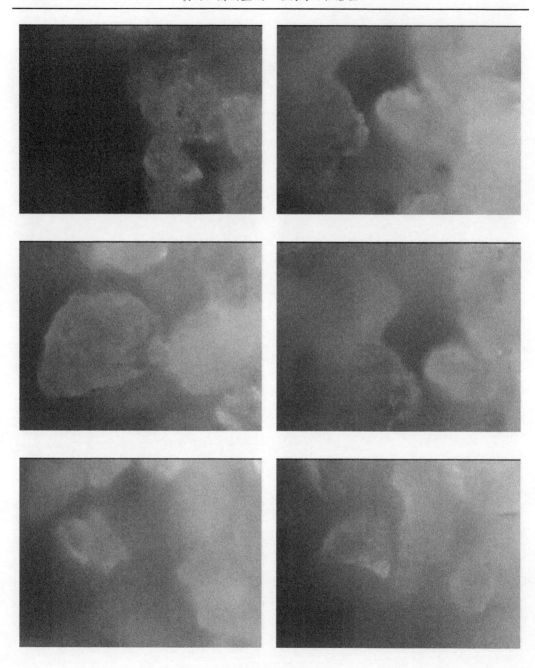

D4

续图 7-8

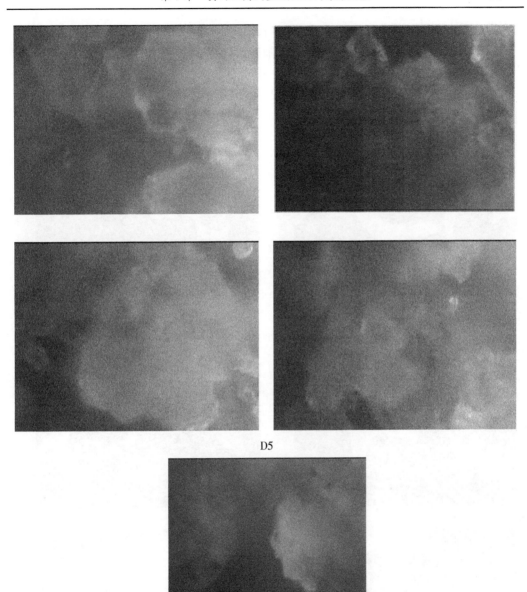

D5

比例尺 ━━ 10μm

续图 7-8

7.1.4.4　Image-J 图像处理方法

利用 Image-J 软件可以统计盐碱土的孔隙面积及其总面积,其比值即为孔隙率。前述显微镜所得盐碱土冻结前后的共计 7 500 张图片,经 Image-J 软件处理后得到孔隙率,能够充分地定量评价冻胀作用对盐碱土细观结构特征的影响。采用 Photoshop 软件将显微镜所得图片进行平滑和降噪处理后导入 Image-J 软件,文件格式更改为 8 bit,利用其 Window/Level 功能调整图像对比度,得到清晰的 8 bit 格式图片。对格式图片进行二值化处理得到二值图,其中白色区域为孔隙、黑色部分为土颗粒。对 12 幅示例显微镜图片进行 Image-J 图像处理,得到的灰度图如图 7-9 所示。

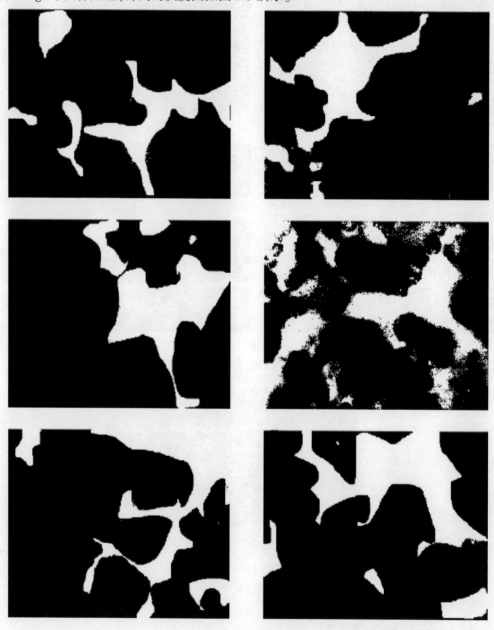

(a)冻结前灰度图

图 7-9　冻结前后盐碱土显微镜示例图片的灰度

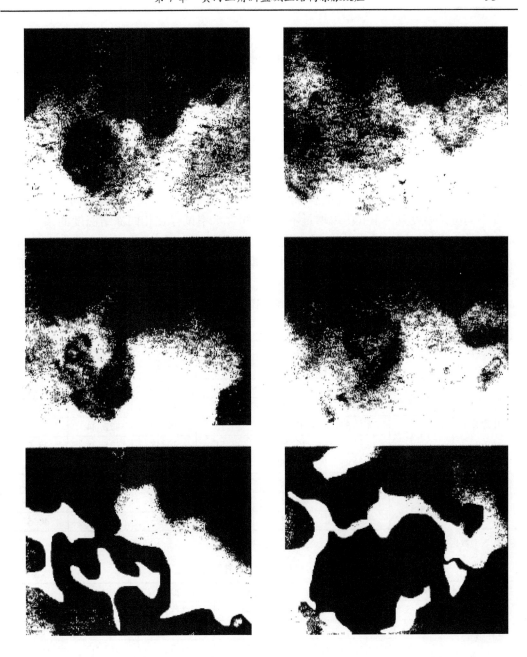

(b)冻结后灰度图

续图 7-9

7.2　黄河三角洲冻胀盐碱土的细观结构特征

7.2.1　盐碱土孔隙率试验结果

对比分析盐碱土试样的 7 500 幅图片,计算得到−5 ℃、−10 ℃、−15 ℃、−20 ℃、−25 ℃ 5 个冻结温度下分别对应 10%、15%、20%、24%、26% 5 种含水率的冻结前后孔隙率,见表 7-4。

可见,不同含水率的试样经低温冻胀作用,其孔隙率普遍增大。但是相同含水率的试样在不同冻结温度条件下孔隙率增量不同,不同含水率试样在相同冻结温度的条件下孔隙率增量亦必然不同。选取孔隙率增量这一评价指标,使得温度和含水率双向变化时的冻结前后孔隙性均具备可比性。表 7-4 中数据为冻结前后的孔隙率,据此计算得到不同含水率试样冻结前后的孔隙率增量,见表 7-5。

表 7-4　盐碱土冻结前后孔隙率试验结果　　　　　　　　　　(%)

	含水率(%)		10	15	20	24	26
孔隙率 (%)	−5 ℃	冻结前	26.20	25.47	20.21	22.17	22.18
		冻结后	30.56	30.79	27.56	32.60	34.02
	−10 ℃	冻结前	21.31	21.11	23.36	18.27	19.12
		冻结后	26.03	37.43	31.36	29.81	32.27
	−15 ℃	冻结前	20.48	20.13	19.50	22.24	24.62
		冻结后	26.31	28.51	29.48	35.26	38.93
	−20 ℃	冻结前	24.88	24.43	26.03	27.87	28.52
		冻结后	32.38	33.76	37.65	43.12	44.33
	−25 ℃	冻结前	22.56	30.48	23.10	26.83	24.18
		冻结后	30.51	40.44	35.25	42.47	40.57

注:表中数据为冻结前后的孔隙率。

表 7-5　盐碱土试样的孔隙率增量　　　　　　　　　　(%)

	含水率(%)	10	15	20	24	26
孔隙率 增量	−5 ℃	4.36	5.33	7.36	10.43	11.84
	−10 ℃	4.72	6.32	8.00	11.54	13.15
	−15 ℃	5.83	8.38	9.92	13.02	14.31
	−20 ℃	7.50	9.33	11.62	15.25	15.81
	−25 ℃	7.94	9.96	12.15	15.64	16.39

可见,固定含水率时,孔隙率增量随冻结温度降低而单调增加;固定冻结温度时,孔隙率增量随含水率增加而单调增加。

7.2.2　不同冻结温度盐碱土冻胀作用的孔隙性

固定含水率时,孔隙率增量随冻结温度降低而单调增加,如图 7-10 所示。

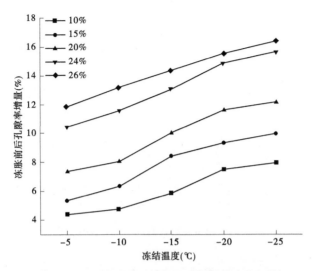

图 7-10　孔隙率增量随冻结温度降低的变化规律

可见,在含水率一定的情况下,孔隙率增量随冻结温度的降低均呈现增大规律。因此,本书研究盐碱土的冻结温度降至-25 ℃时孔隙率增量最大,表明冻结温度越低,对盐碱土的冻胀作用越明显,孔隙越发育。

定义孔隙率增量的增加幅度为孔隙率增量比,是指单位温降(或含水率增加)导致的孔隙率增量的增加比率,用于对孔隙率影响因素的敏感性分析。统计计算温度降低对应的孔隙率增量比见表 7-6、图 7-11。

表 7-6　单位温降的孔隙率增量比

温度区间(℃)		-5~-10	-10~-15	-15~-20	-20~-25	平均(%/℃)	
增量比 (%/℃)	10%	0.072	0.222	0.334	0.088	0.179 0	0.227 6
	15%	0.198	0.412	0.190	0.126	0.231 5	
	20%	0.128	0.384	0.340	0.106	0.239 5	
	24%	0.222	0.296	0.446	0.078	0.260 5	
	26%	0.262	0.232	0.300	0.116	0.227 5	

可见,-5~-10 ℃温度区间内,盐碱土中的大部分自由水被冻结,但还不足以提供弱结合水冻结所需的温度梯度,所以冻胀盐碱土中的液态水含量较高、孔隙体积较小;-10~-20 ℃温度区间内,土中的绝大部分水冻结,液态水含量少、孔隙体积增加迅速;-20~-25 ℃温度区间内,盐碱土孔隙率增量的增加幅度微小,冻胀作用对盐碱土的孔隙性影响甚微;单位温降的平均孔隙率增量比为 0.227 6 %/℃。因此,对孔隙率影响最敏感的因素是冻结温度区间-10~-20 ℃。

7.2.3　不同含水率盐碱土冻胀作用的孔隙性

固定冻结温度时,孔隙率增量随含水率增加而单调增加,如图 7-12 所示。

可见,在冻结温度固定的情况下,孔隙率增量随含水率的增加均呈现增大规律。因此,盐碱土的含水率增加至 26%时孔隙率增量最大,表明含水率越高,对盐碱土的冻胀作

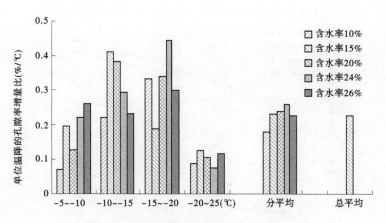

图 7-11　单位温降的孔隙率增量比直方图

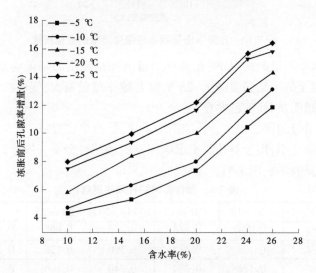

图 7-12　孔隙率增量随含水率增加的变化规律

用越明显,孔隙越发育。

　　对孔隙率变化进行含水率影响的敏感性分析,统计计算含水率增加对应的孔隙率增量比,见表 7-7、图 7-13。

表 7-7　单位含水率增加的孔隙率增量比

含水率区间(%)		10~15	15~20	20~24	24~26	平均(%/%)	
增量比 (%/%)	−5 ℃	0.194	0.406	0.768	0.705	0.518 0	
	−10 ℃	0.320	0.336	0.885	0.805	0.586 5	0.543 9
	−15 ℃	0.510	0.308	0.775	0.645	0.559 5	
	−20 ℃	0.366	0.458	0.908	0.280	0.503 0	
	−25 ℃	0.404	0.438	0.873	0.375	0.552 5	

　　可见,10%~20%含水率区间内,盐碱土中自由水含量较低,冻胀产生的作用小,所以

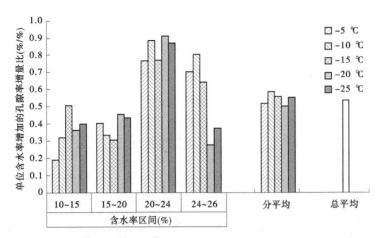

图 7-13　单位含水率增加的孔隙率增量比直方图

孔隙体积较小;20%～24%含水率区间内,土中自由水含量增加,冻胀作用随之增强,孔隙体积增加迅速;24%～26%含水率区间内,含水率增大到了过高程度,水的自身冻结膨胀占主要部分,对盐碱土结构的孔隙性影响程度降低;单位含水率增加的平均孔隙率增量比为0.5439 %/%。因此,对孔隙率影响最敏感的因素是含水率区间20%～24%。

综上所述,冻结温度和含水率对盐碱土冻胀作用下的孔隙发育特征均影响明显,平均孔隙率增量比表明盐碱土的孔隙性对含水率变化更敏感。同时具备含水率区间20%～24%和冻结温度区间-10～-20 ℃两个条件时,黄河三角洲盐碱土的细观结构特征受冻胀作用影响最显著。

7.3　冻胀盐碱土的细观结构特征与排盐机制解释

盐碱土的排盐效果取决于其渗透性,而盐碱土的孔隙率是影响其渗透性的关键因素。天然状态下盐碱土颗粒间的联结力较弱,在力的作用下极易发生塑性变形,土中的水在冻结作用下凝结成冰、体积膨胀、孔隙发育,造成了盐碱土永久不可恢复的塑形变形。即使盐碱土解冻后,冻胀引发的孔隙体积增大亦不再恢复,是工程措施能够保障排盐效果的主要原因。

对盐碱土的细观结构特征研究结果表明,当同时具备含水率区间 20%～24%和冻结温度区间-10～-20 ℃两个条件时,土的细观结构特征受冻胀作用影响最显著。黄河三角洲地区的冬季气温一般低于-10 ℃,极端最低气温-23.3 ℃,盐碱土的天然含水率约为22%,显然同时具备含水率和冻结温度两个冻胀影响敏感条件。因此,黄河三角洲盐碱土的细观结构特征受冻胀作用影响最显著,经历冬季的冻胀作用,黄河三角洲盐碱土的孔隙率可以提高至30%～40%,采取工程措施可以保障排盐效果。即在冬季来临之前,采用灌溉等方式提高盐碱土的含水率达22%,经历整个冬季的冻胀作用后,在冻土融化的春季实施灌溉淋洗等工程排盐措施,盐碱土孔隙发育,通道通畅,排盐效果有保障。

第8章　黄河三角洲冻胀盐碱土力学特性

8.1　冻结盐碱土的无侧限抗压强度试验

　　本书试验研究盐碱土的力学特性,进行盐碱土的冻结试验和冻结土的无侧限抗压强度试验。试验用到的仪器设备主要有冻土实验舱和无侧限抗压强度仪。

　　冻结盐碱土的强度试验采用天健仪器制造有限公司生产的 YYW-Ⅱ型应变式无侧限抗压强度仪,其最大量程达 5 kN,见图 8-1。

　　由于该试验机一般用于未冻结土的无侧限抗压强度试验,而盐碱土在冻结之后强度会明显提高,所以进行预试验。制作饱和盐碱土的标准试件,置于冻土实验舱-30 ℃环境中冻结24 h,进行无侧限抗压强度试验至试样破坏,试验机在试验全过程中表现正常,所以满足冻结土的试验要求。将试验机移至冻土实验舱内进行冻结盐碱土的无侧限抗压强度试验,全程在冻土实验舱恒定低温环境中运行,试样始终处于冻结状态,结果可靠。

　　将试样两端及侧面涂一薄层凡士林,置于加压板中心,转动摇把使试样与加压板刚好接触时,停止转动摇把。将量力环量表与变形量测量表调至零点后,启动上升键,设定加压板每分钟推进 2.4 mm,直至土样破坏,试验结束。顺时针转动摇把,取下试样,然后将止转插销拔出,直接转动加压板使之迅速下降至试验初始位置。

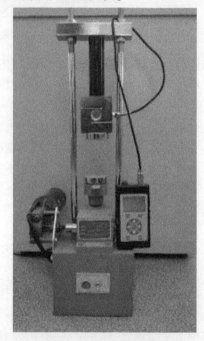

图 8-1　YYW-Ⅱ型应变式无侧限抗压强度仪

　　试验过程中采用摄像法记录数据,用于试验结束后仔细、准确地整理数据。读取量力环量表上的读数,计算得到轴向压力,若试验中发现百分表指针持续前进,则表明该土属于塑流破坏类型,则以 20%总变时对应的应力为无侧限抗压强度值。每一工况做 3 个样本的重复性试验,共计得到冻结盐碱土的 225 条应力—应变曲线。

8.2　黄河三角洲冻胀盐碱土的力学特性分析

8.2.1　冻胀盐碱土的应力—应变曲线特征

设计 $-5\ ℃$、$-10\ ℃$、$-15\ ℃$、$-20\ ℃$、$-25\ ℃$ 5 个冻结温度,分别对应 10%、15%、20%、24%、26% 5 种含水率的 25 组试验,每组 3 个重复试验。选用 YYW-II 型无侧限抗压强度仪,在冻土实验舱恒温环境中进行全程试验,并记录试验力—位移数据,计算后得到应力—应变曲线,用以研究黄河三角洲冻胀盐碱土的力学特性。

试验过程中的试样会发生体积变形,导致横截面面积改变,因此需要修正横截面面积。试样固结后的横截面面积可由下式计算:

$$H_c = H_0\left(1 - \frac{\Delta V_c}{3V_0}\right) \tag{8-1}$$

$$V_c = V_0 - \Delta V_c \tag{8-2}$$

$$A_c = \frac{V_c}{H_c} = A_0\frac{1 - \dfrac{\Delta V_c}{V_0}}{1 - \dfrac{\Delta V_c}{3V_0}} \tag{8-3}$$

式中:H_c 为试样的固结高度;H_0 为试样的初始高度;ΔV_c 为试样固结前后的体积变化;V_0 为试样的初始体积;V_c 为试样固结后的体积;A_c 为试样固结后的横截面面积;A_0 为试样的初始横截面面积。

试样的平均横截面面积可由下式计算:

$$A = \frac{V_c - \Delta V_c}{H_c - \Delta H} = A_c\frac{1 - \varepsilon_v}{1 - \varepsilon_1} \tag{8-4}$$

式中:A 为试样的平均横截面面积;ΔH 为试样冻结前后的高度改变量;ε_v 为试样的体积应变;ε_1 为试样的轴向应变。

在对试样的横截面面积进行修正后,根据记录的试验力计算应力,得到应力—应变试验曲线。

8.2.1.1　含水率变化土的应力—应变曲线特征

在一定的冻结温度下,随含水率变化盐碱土的应力—应变试验曲线如图 8-2 所示。

当冻结温度一定时,随含水率的提高,应力—应变试验曲线的直线段斜率(弹性模量)增大,峰值强度提高,峰值应变增加,塑性区范围扩大,残余强度呈升高趋势。表明高含水率的冻结盐碱土中固态水所占的比例较高,既提高了冻结盐碱土初期承载能力,又扩展了其后期延展性。

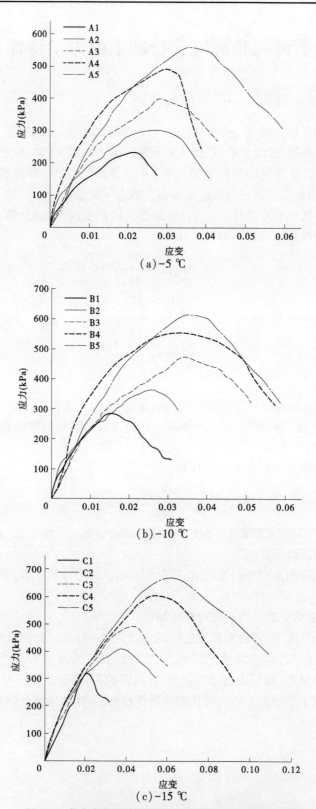

图 8-2 含水率变化冻胀盐碱土的应力—应变试验曲线

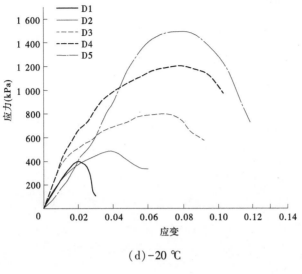

(d)-20 ℃

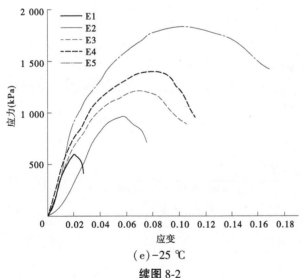

(e)-25 ℃

续图 8-2

8.2.1.2　冻结温度变化盐碱土土的应力—应变曲线特征

在含水率确定的条件下,随冻结温度变化盐碱土冻胀的应力—应变试验曲线如图 8-3 所示。

当含水率一定时,随冻结温度的降低,应力—应变试验曲线的直线段斜率(弹性模量)增大,峰值强度提高,塑性区范围缩小,残余强度呈升高趋势,峰值应变有条件地增加(-15~-25 ℃)。表明冻结温度越低,盐碱土的初期承载能力越强,破坏前的脆性提高。

8.2.2　冻胀盐碱土的峰值强度和应变规律

含水率、冻结温度对试样的峰值强度和破坏时的应变均有明显影响,统计冻胀盐碱土试样的峰值强度和峰值应变试验结果,见表 8-1。

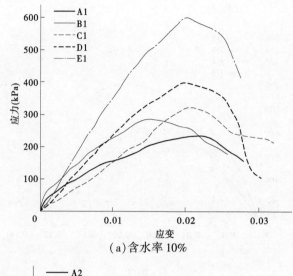

（a）含水率 10%

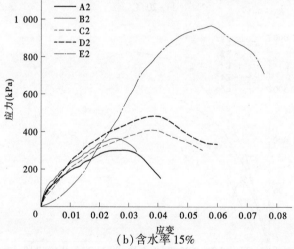

（b）含水率 15%

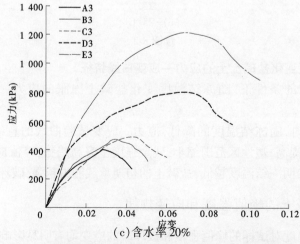

（c）含水率 20%

图 8-3　冻结温度变化冻胀盐碱土的应力—应变试验曲线

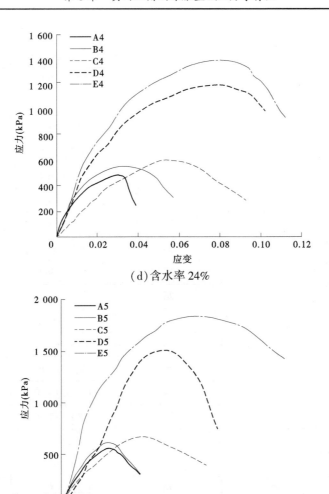

（d）含水率 24%

（e）含水率 26%

续图 8-3

表 8-1　冻胀盐碱土试样的峰值强度和峰值应变统计

试件编号	冻结温度（℃）	含水率（%）	峰值强度（kPa）	峰值应变
A1		10	236.294 9	0.021 9
A2		15	302.457 5	0.026 4
A3	−5	20	401.701 3	0.028 2
A4		24	496.219 3	0.029 3
A5		26	562.381 9	0.035 4

续表 8-1

试件编号	冻结温度(℃)	含水率(%)	峰值强度(kPa)	峰值应变
B1		10	288.279 0	0.015 1
B2		15	363.894 1	0.025 6
B3	-10	20	477.315 7	0.033 9
B4		24	557.656 0	0.034 1
B5		26	669.986 4	0.034 7
C1		10	325.939 3	0.020 5
C2		15	411.153 1	0.037 7
C3	-15	20	497.962 9	0.043 7
C4		24	606.609 3	0.053 8
C5		26	669.986 4	0.060 5
D1		10	401.701 3	0.019 9
D2		15	486.767 5	0.038 1
D3	-20	20	803.402 6	0.067 8
D4		24	1 205.104 0	0.081 0
D5		26	1 502.835 5	0.085 5
E1		10	604.914 9	0.020 1
E2		15	968.809 1	0.057 1
E3	-25	20	1 214.556 0	0.068 8
E4		24	1 403.592 0	0.081 9
E5		26	1 843.100 2	0.107 1

可见,黄河三角洲的盐碱土经冻胀作用后,其强度随含水率的提高而提高,随冻结温度的降低而提高;其峰值应变随含水率的提高而增加,随冻结温度的降低而大多数是增加的。表明冻结温度和含水率双因素的共同作用,对冻胀盐碱土的峰值强度和应变规律影响明显。

8.2.2.1　含水率—峰值强度关系

绘制含水率—峰值强度关系曲线,如图 8-4 所示。可见,冻胀盐碱土的峰值强度随含水率的提高而提高,含水率对峰值强度有普遍影响。

8.2.2.2　冻结温度—峰值强度关系

绘制冻结温度—峰值强度关系曲线,如图 8-5 所示。可见,冻胀盐碱土的峰值强度随冻结温度的降低而提高,冻结温度对峰值强度影响显著,尤其在冻结温度低于-15 ℃后,冻胀盐碱土的峰值强度提升幅度明显。冻土的强度决定于土颗粒与冰晶的强度,以及冰晶与土颗粒间的胶结力。而冻结温度的降低大幅度减少了土中自由水的含量(增加了冰

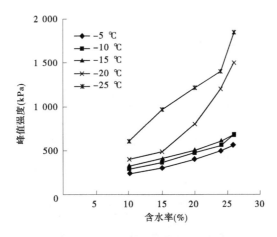

图 8-4　含水率—峰值强度关系曲线

晶的存在),土中固体颗粒与冰晶的胶结趋于牢固,因此显著提升了冻胀盐碱土的峰值强度。

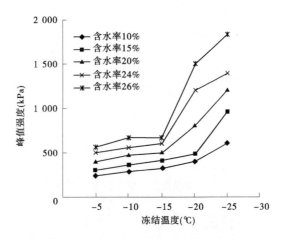

图 8-5　冻结温度—峰值强度关系曲线

8.2.2.3　含水率—峰值应变关系

绘制含水率—峰值应变关系曲线,如图 8-6 所示。可见,冻胀盐碱土的峰值应变随含水率的提高而增加,含水率对峰值应变的影响规律具有一致性。表明随含水率的提高,冻胀盐碱土的塑性区范围扩大,延性扩展。

8.2.2.4　冻结温度—峰值应变关系

绘制冻结温度—峰值应变关系曲线,如图 8-7 所示。可见,冻胀盐碱土的峰值应变随冻结温度的降低而增加,但是,冻结温度对峰值应变的影响规律存在一定程度的离散性(−5~−10 ℃)。表明随冻结温度在(−5~−10 ℃)范围内的降低,冻胀盐碱土存在塑性区范围缩小、脆性提高的现象。

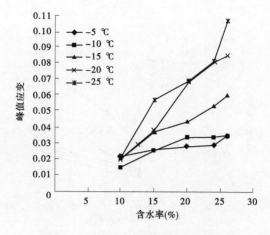

图 8-6　含水率—峰值应变关系曲线

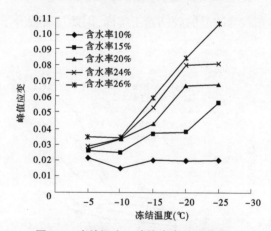

图 8-7　冻结温度—峰值应变关系曲线

8.2.3　冻胀盐碱土的试件破坏模式

盐碱土试件的破坏类型与其力学特性直接相关,列举 5 级冻结温度对应 5 种含水率的冻胀盐碱土试件破坏形态,如图 8-8 所示,其中"A1(-5 ℃,10%)"表述的是 A1 处于冻结温度-5 ℃、含水率 10%的状态。

判断冻胀盐碱土的试件破坏模式,图中横向比较(如 A1、A2、A3、A4 与 A5)反映了含水率提高导致的冻胀盐碱土破坏模式的演变;纵向比较(如 A1、B1、C1、D1 与 E1)反映了冻结温度降低导致的冻胀盐碱土破坏模式的演化过程。

横向比较可得,含水率的提高导致应变明显增大,冻胀盐碱土的破坏模式由剪切破坏向劈裂破坏转化;纵向比较可得,冻结温度降低导致应变明显增大,冻胀盐碱土的破坏模式由剪切破坏向劈裂破坏转化。因此,含水率和冻结温度双因素的共同作用决定了冻胀盐碱土的破坏模式,含水率低且冻结温度高的冻胀盐碱土一定呈剪切破坏模式,随含水率提高或冻结温度降低,试件破坏形态向劈裂破坏模式转化,含水率高且冻结温度低的冻胀盐碱土必定呈现劈裂破坏模式。

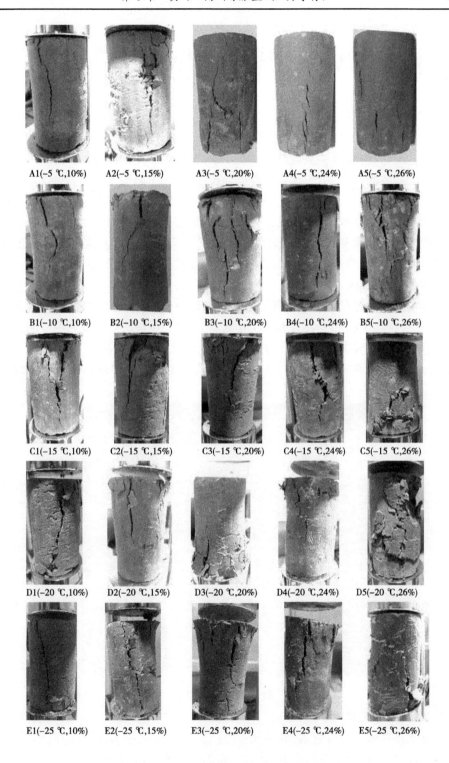

A1(-5 ℃,10%)	A2(-5 ℃,15%)	A3(-5 ℃,20%)	A4(-5 ℃,24%)	A5(-5 ℃,26%)
B1(-10 ℃,10%)	B2(-10 ℃,15%)	B3(-10 ℃,20%)	B4(-10 ℃,24%)	B5(-10 ℃,26%)
C1(-15 ℃,10%)	C2(-15 ℃,15%)	C3(-15 ℃,20%)	C4(-15 ℃,24%)	C5(-15 ℃,26%)
D1(-20 ℃,10%)	D2(-20 ℃,15%)	D3(-20 ℃,20%)	D4(-20 ℃,24%)	D5(-20 ℃,26%)
E1(-25 ℃,10%)	E2(-25 ℃,15%)	E3(-25 ℃,20%)	E4(-25 ℃,24%)	E5(-25 ℃,26%)

图 8-8　部分冻胀盐碱土试件的试验破坏形态

8.3　黄河三角洲盐碱地治理工程与改良措施

8.3.1　盐碱地治理排水工程技术

对盐碱地的淋洗即向盐碱地中灌溉,大量的水将盐分从盐碱地中带走,起到了盐碱地治理的效果,投入成本较低。但是需要严格控制洗盐的排水系统,防止吸出的盐返回、洗盐失败。在洗盐的同时,土中的有益元素也会被洗掉,从而影响土的肥力。洗盐需要大量的水,水源补给必须充足,并考虑蒸发量、季节及地下水埋深等因素的影响。排水设施能够及时排出多余的灌溉水,调节区域水文状况,以改善盐碱地功能。目前,排水技术已经成为治理盐碱地最为重要的廉价的技术措施,被广泛应用。工程上,盐碱地治理的排水技术一般包括明沟排水、暗管排水、竖井排水等三种方式,分别适用于不同的情况。

8.3.1.1　明沟排水工程

明沟排水是指通过在地面直接开挖水沟的方式进行排水,主要用于排出地表的多余径流,同时也可排除土壤中多余的水分或降低地下水位,以解决盐碱地问题。明沟排水的设计、施工简单方便,成本低,泄流能力强,排水效果好,适用于水流量大的情况。但是,一般的明沟排水工程占地面积均较大,且在土质松软的地区易于出现岸坡坍塌现象。明沟排水工程见图8-9。

图 8-9　排盐沟渠

8.3.1.2　暗管排水工程

暗管排水是在地下铺设管道,利用地下沟(管)排除土壤中多余的水分。工程的占地面积非常小,即使在埋有暗管的地方,其上地面仍能种植作物,并不影响作物的正常生长。暗管排水不会造成地面的坍塌,但是暗管排水系统的一次性投资较大,施工较为复杂。由于暗管排水工程为地下隐蔽工程,所以管的直径受到限制,当水量较大时不具优势。暗管排水工程见图 8-10。

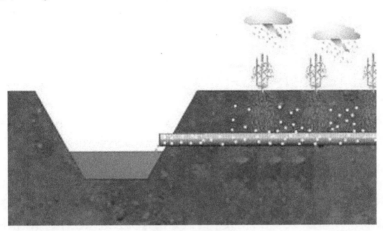

图 8-10　暗管排盐

8.3.1.3　竖井排水工程

　　竖井排水又称垂直排水,是布置大量的竖井并从井中抽水。竖井排水将导致地下水的埋深增大,要求对于地下水埋深的控制直接有效,否则会形成地表沉降漏斗,违背治理盐碱地的初衷。竖井排水工程排出的水可以用于灌溉,但是工程消耗能源多,运行费用高,对所在地区的水文地质条件要求较高。竖井排水工程见图 8-11。

图 8-11　竖井排盐

　　盐碱地治理的工程排水措施很多,各具特点,各自有其适用条件,实践中要综合利用淡水冲洗、暗管排盐、明沟排水等措施,达到系统治理盐碱地的目的。

8.3.2　盐碱地改良化学措施

　　化学措施就是利用化学改良剂改善土壤的理化性质,或打破单一细小颗粒组成的结构,以达到治理盐碱地的效果。依靠酸碱中和反应,化学改良剂交换土壤胶体中的钠离子,实现对盐化合物的破坏。盐碱地中的钠离子被置换后,土壤的 pH 值也会下降,孔隙度会增加,即土壤的渗透性变强。对渗透性增强后的盐碱土,进一步采用淡水冲洗等工程措施进行治理,效果明显。盐碱地改良的化学措施成本低,针对性较强,见效快,越来越得到人们的认可。常用的改良剂包括脱硫石膏、磷石膏、沼渣、糠醛渣、秸秆、落叶、腐植酸、过磷酸钙、沸石、生物炭等,治理盐碱地的原理和效果有所不同。

尽管盐碱地改良剂已经被广泛应用,但仍然存在不足之处。例如,改良剂的剂量会不同程度地影响盐碱地的治理成效,化学试剂的不确定性将对自然环境产生损害,限制其在工程治理中的应用。

8.3.3 盐碱地改良生物措施

植树造林、退耕还林和生态平衡维护对盐碱地改良极为重要。林地的蒸发能力比水强,能够有效地转移水的蒸发途径,使其中的盐分没有机会进入土中,因此植树造林可以改善盐碱地的区域环境、维护生态平衡、净化空气,治理盐碱地的效果显著。

生物措施治理盐碱地即是在盐碱地上种植抗盐碱的植物,利用耐盐植物生长过程中的有机质分解和呼吸作用提高根区二氧化碳的分布,二氧化碳与抗盐碱植物根系释放的氢离子相结合,溶解碳酸钙。通过钙离子置换钠离子,由耐盐植物吸收,从而实现对盐碱地的治理。另外,生物措施是通过破坏土中细小颗粒的盐,以治理盐碱地。盐碱地的生物改良治理是目前公认的经济、生态、有效的盐碱地治理方式,在降低土壤中 pH 值的同时降低了地下水位,避免毛细现象的发生。随着 pH 值的下降,土壤的孔隙度增加,土的渗透性增强,水在土中的渗流通畅,有利于淡水冲洗等盐碱地治理措施的实施。

pH 值的下降,导致土的孔隙度增加:土壤中不溶于水或难溶于水的酸碱盐类,以不溶于水的碳酸钙和难溶于水的氢氧化镁等为主;土水中的有机质在生物降解过程中产生二氧化碳,植物的呼吸作用等因素亦产生较多的二氧化碳,必将打破地下水中二氧化碳的既有平衡,降低其 pH 值;水中的二氧化碳促使碳酸钙形成碳酸氢钙、促使氢氧化镁形成碳酸氢镁,而碳酸氢钙和碳酸氢镁等均易溶于水,所以也提高了地下水的硬度。因此,pH 值的下降使土壤中不溶于水或难溶于水的酸碱盐类转化为易溶物,导致了土壤中孔隙度的增加。

8.4 冻胀盐碱土的力学特性与排盐工程关系

8.4.1 水利措施治理盐碱地的工程问题

盐碱地治理的水利工程措施包括明沟、暗管、竖井等排水方式,以及淡水淋洗排盐系统等,所有排水系统工程均面临施工困难等问题。

8.4.1.1 明沟排水

明沟排水是指在地面通过开挖沟渠直接排水,排出地表的多余径流、土壤中的多余水分,同时降低了地下水位。明沟排水的设计、施工简单方便,成本低,泄流能力强,但是工程占地面积大,在盐碱地土质松软的地区或季节进行施工,极易出现明沟坍塌现象。明沟排水工程坍塌现象如图 8-12 所示。

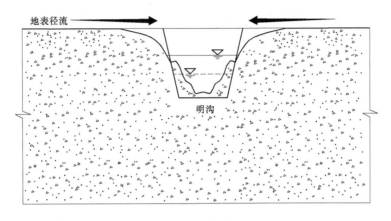

图 8-12　排盐沟渠坍塌现象

8.4.1.2　暗管排水

暗管排水是指在地下铺设管道进行排水,利用地下沟(管)排除土壤中的多余水分。暗管排水工程占用地下空间小,不占用作物种植面积,在服役期不会造成地面坍塌,但是暗管排水系统投资大,排水能力有限。暗管排水工程的施工阶段较复杂,需要盐碱土具有比较高且稳定的工程力学特性。暗管排水工程引发的地面坍塌如图 8-13 所示。

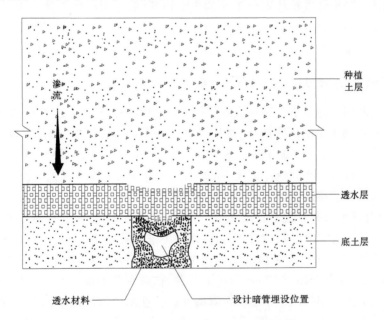

图 8-13　暗管排盐工程引发坍塌

8.4.1.3　竖井排水

竖井排水又称垂直排水,是指布置大量的井并从中抽水,降低地下水位、治理盐碱地。

竖井排水工程可以直接有效地控制地下水埋深,但是能源消耗大,对区域水文地质条件要求高。各井点地下水位的降低必定形成地表沉降漏斗,提高盐碱土的强度及其稳定性,能够降低地表沉降幅度,甚至杜绝地表沉降漏斗的出现。较软土层中竖井排水工程的井壁坍塌现象如图 8-14 所示。

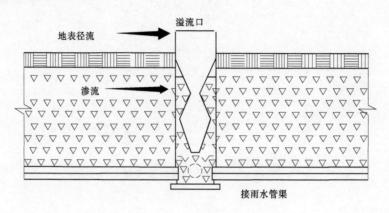

图 8-14　竖井排水工程的井壁坍塌

8.4.1.4　淡水淋洗排盐系统

淡水淋洗排盐系统是指向盐碱地灌水,大量淡水在盐碱土中运移时将盐分带走,从而治理了盐碱地。淡水淋洗排盐系统工程的成本较低,但是对控制系统要求高(盐分容易回流),排盐的同时会洗掉土中原有的有用元素、降低土壤肥力,消耗大量的淡水资源。淡水淋洗排盐系统的工程施工阶段,需要盐碱土处于比较稳定的工程力学状态。

8.4.2　盐碱土冻结与排盐工程的关系

黄河三角洲地区的冬季气温一般低于-10 ℃,极端最低气温-23.3 ℃,盐碱土的天然含水率22%。根据本书的研究成果,经历冬季的冻胀作用,黄河三角洲盐碱土的无侧限抗压强度可以达到 477~1 400 kPa。冬季盐碱土强度较高,防渗效果好,其中的水多呈固体状态,有利于排盐沟渠的底板、边坡等的衬砌、加固与维护等工程施工,以及暗管埋设、竖井开挖与淡水淋洗排盐系统等工程措施的实施。

例如,竖井排水各井点地下水位的降低会形成地表沉降漏斗,多井点将导致盐碱土地表面凹凸不平、恶化治理环境。黄河三角洲地区冬季的最大冻土深度 60 cm(垦利 54 cm、利津 60 cm、广饶 59 cm),冻结盐碱土的强度较高,地下水位的降低不会引发地面沉降。因此,在冬季大规模开挖超过 60 cm 深度的竖井,抽排深处的地下水并排盐,地下水位下降也不会导致上方冻结盐碱土中形成沉降漏斗。在盐碱土解冻之前向井中注入淡水,充填排水空间并下压地下水,既能够阻止地下水位上升,又可以限制解冻后盐碱土中沉降漏斗的形成。黄河三角洲盐碱地竖井排盐工程及其导致的地表沉降漏斗如图 8-15 所示。

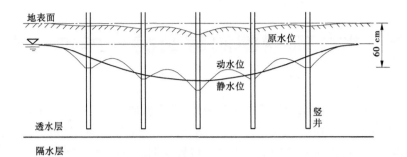

图 8-15   黄河三角洲盐碱地竖井排盐及地表沉降漏斗

第9章　高孔隙材料阻隔盐碱土毛细水力联系

以消除毛细现象、阻断水盐迁移通道为原则,选择低成本、高孔隙性材料,阻断盐碱土的水力联系;结合地下水位变动规律、现有盐碱土孔隙性需要提高的层位、高孔隙性材料铺设位置,选择区域内需要处理的盐碱土平面位置及剖面层位,优化孔隙性材料的厚度参数等。

9.1　试验材料与方法

9.1.1　试验材料来源与制备

试验用盐碱土均取自山东省东营市广饶县,取土深度 20 cm。土样取回后混合均匀,自然风干,去除石子等杂物,破碎后过 2 mm 筛备用。测得风干后土样的含水率为 1.97%,土粒径组成的质量占比分别为砂粒(0.02~2 mm) 21.06%、粉粒(0.002~0.02 mm) 36.98%、黏粒(0~0.002 mm) 41.96%。

高孔隙材料选取建筑垃圾为原材料,为防止建筑垃圾对土壤造成污染,必须进行覆膜处理。将石蜡与聚乙烯蜡按照 8:2 的比例混合均匀,高温熔化后向其中掺入不同粒径的建筑垃圾,进行覆膜处理。覆膜的高孔隙材料按照粒径 1~2 mm、2~4.75 mm、4.75~9.5 mm、9.5~13.2 mm、13.2~19 mm、19~26.5 mm,筛分成 6 组备用。

9.1.2　试验方法与设计

9.1.2.1　高孔隙材料粒径优选试验

采用透明玻璃土柱进行试验,土柱壁厚 5 mm,高 50 cm,内径为 19 cm,底部设有均匀排水孔。土柱底部预置一层纱布,以防止土颗粒堵塞排水孔。按照土、孔隙材料、土的顺序依次填装土柱,填装厚度分别为 5 cm、5 cm、20 cm。将孔隙材料上部的土样按容重 1.36 g/cm³ 分层填装,分层厚度 5 cm,压实每一分层后对其表层进行抛毛处理,再装填下一层,以保证装填土层之间接触良好。玻璃土柱装填示意如图 9-1 所示,粒径优选试验的装填土柱如图 9-2 所示。

将 3 000 mL 去离子水一次注入土柱,研究湿润锋运移及上部土的脱盐效果。包括无孔隙材料的对照组,设计 7 组不同粒径孔隙材料、每组 3 次重复试验,见表 9-1。

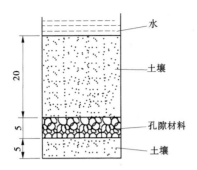

图 9-1　粒径优化土柱填装示意图

图 9-2　粒径优选试验的装填土柱

表 9-1　不同粒径孔隙材料试验设计

试验组	孔隙材料粒径(mm)	孔隙材料厚度(cm)
CK	—	—
S1	1~2	5
S2	2~4.75	5
S3	4.75~9.5	5
S4	9.5~13.2	5
S5	13.2~19	5
S6	19~26.5	5

记录各组土柱中水的湿润锋运移状况,在湿润锋运移深度达到 20 cm 时停止试验。灌水后每天同一时间分别采集 0~5 cm、5~10 cm、10~15 cm、15~20 cm 层位的土样,测定其电导率值,连续测定 7 d 后停止试验。计算脱盐率,可以评价淋洗作用对盐碱土的脱盐效果。

$$R = (R_1 - R_2)/R_1 \times 100\% \tag{9-1}$$

式中:R 为灌水后的脱盐率(%);R_1 为灌水前的土壤电导率,μS/cm;R_2 为灌水后的土壤电导率,μS/cm。

脱盐率 R 值越大说明排出的盐分越多,脱盐效果越好。其中,盐碱土的电导率测试方法:将风干后的土样破碎、过 2 mm 筛后称取 10 g,按照水、土比 5:1 加入 50 mL 去离子水,搅拌 3 min 使土中盐分充分溶解,静待沉淀完成后,采用雷磁 DDS-307A 电导率仪测试悬浮液的电导率值。

9.1.2.2　高孔隙材料厚度优选试验

与高孔隙材料粒径优选试验相同,采用土柱进行试验,土柱中孔隙材料的下方与上方分别填装 5 cm、20 cm 厚土层。孔隙材料由高孔隙材料粒径优选试验确定,为粒径 4.75~9.5 mm 组。设计 4 组不同厚度孔隙材料、每组 3 次重复的试验,试验分组见表9-2。玻璃土柱装填示意如图9-3 所示,厚度优选试验的装填土柱如图9-4 所示。

表 9-2　不同厚度孔隙材料试验设计

处理	孔隙材料粒径(mm)	孔隙材料厚度(cm)
CK	—	—
T1	4.75~9.5	5
T2	4.75~9.5	10
T3	4.75~9.5	15

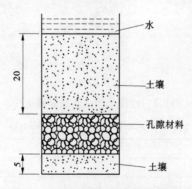

图 9-3　厚度优化土柱填装示意图

记录各组土柱中水的湿润锋运移、测定盐碱土的电导率及计算脱盐率等,同高孔隙材料粒径优选试验。

9.1.2.3　试验数据处理与分析方法

试验所得数据均为 3 次重复试验的平均值,采用 SPSS 等数据分析软件进行数据处

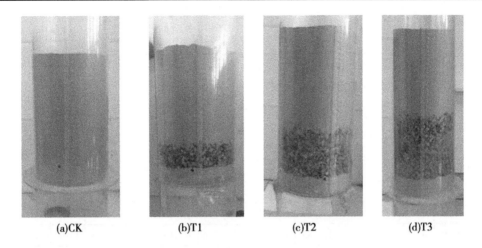

(a)CK　　　　　(b)T1　　　　　(c)T2　　　　　(d)T3

图 9-4　厚度优选试验的装填土柱

理,LSD 法进行显著性检验,Origin 软件作图。

多重比较法主要包括最小显著差数法(least significant difference,简称 LSD)、复极差法(q)和 Duncan 氏新复极差法(SSR)。如果存在明确的对照组,并且要进行的是验证性研究,即计划好的某两个或几个组间(和对照组)的比较,宜用 LSD 法,又称 Bonferroni 修正差别检验法。

显著性水平 α 是公认的小概率事件的概率值,必须在每一次统计检验之前确定,通常取 $\alpha=0.05$ 或 $\alpha=0.01$,表明当做出接受原假设的决定时,其正确的可能性(概率)为 95% 或 99%。统计学根据显著性检验方法所得到的 P 值,是样本间的差异由抽样误差所致的概率,$P<0.05$ 为有统计学差异,$P<0.01$ 为有显著统计学差异,$P<0.001$ 为有极其显著的统计学差异。LSD 法的步骤如下:

(1)提出原假设:H0—无差异;H1—有显著差异。

(2)选择检验统计量:方差分析采用的检验统计量是 F 统计量,即 F 值检验。

(3)计算检验统计量的观测值和概率 P 值:该步骤的目的就是计算检验统计量的观测值和相应的概率 P 值(根据 F 值和 F 分布表内插求得 P 值,此方法较为少用,一般利用软件计算)。

(4)根据选定的显著性水平($\alpha=0.05$),决定是接受还是拒绝 H0。如果 $P>0.05$,不能否定"差别由抽样误差引起",则接受 H0;如果 $P<0.05$ 或 $P<0.01$,可以认为差别不是由抽样误差引起的,可以拒绝 H0,则可以不拒绝另一种可能性的假设(又称备选假设,符号为 H1)。

9.2　高孔隙材料粒径优选

9.2.1　不同粒径孔隙材料隔层上方土的湿润锋运移

固定高孔隙材料厚度 5 cm、变化材料粒径情况下,记录隔层上方土中水的湿润锋运移随时间的变化关系,见表9-3、图9-5。

表9-3 盐碱土中水的湿润锋运移与时间的关系

下渗时间(min)	CK		S1		S2		S3		S4		S5		S6	
	运移(cm)	速度 cm/min	运移(cm)	速度 cm/min	运移(cm)	速度 cm/min	运移(cm)	速度 cm/min	运移(cm)	速度 cm/min	运移(cm)	速度 cm/min	运移(cm)	速度 cm/min
0	0	—	0	—	0	—	0	—	0	—	0	—	0	—
0.50	2.03	4.07	2.03	4.07	2.07	4.13	2.00	4.00	2.00	4.00	2.17	4.33	1.93	3.87
1.00	2.97	1.87	3.07	2.07	3.07	2.00	3.03	2.07	3.03	2.07	3.07	1.80	2.87	1.87
2.00	3.83	0.87	4.00	0.93	3.97	0.90	3.93	0.90	3.93	0.90	4.07	1.00	3.97	1.10
3.00	4.53	0.70	4.80	0.80	4.63	0.67	4.80	0.87	4.80	0.87	4.83	0.77	4.60	0.63
5.00	5.70	0.58	6.13	0.67	5.83	0.60	6.03	0.62	6.03	0.62	6.20	0.68	5.77	0.58
7.00	6.90	0.60	6.83	0.35	6.87	0.52	6.87	0.42	7.17	0.57	7.27	0.53	6.90	0.57
10.00	7.77	0.29	8.27	0.48	7.87	0.33	8.03	0.39	8.33	0.39	8.23	0.32	7.93	0.34
15.00	8.90	0.23	9.67	0.28	9.37	0.30	9.53	0.30	9.63	0.26	9.40	0.23	9.27	0.27
20.00	10.40	0.30	11.00	0.27	10.77	0.28	10.83	0.26	10.97	0.27	11.03	0.33	10.63	0.27
30.00	12.30	0.19	12.97	0.20	12.73	0.20	12.93	0.21	13.00	0.20	13.13	0.21	12.87	0.22
40.00	14.07	0.18	14.87	0.19	14.57	0.18	14.87	0.19	14.87	0.19	14.83	0.17	14.63	0.18
50.00	15.33	0.13	16.47	0.16	16.03	0.15	16.53	0.17	16.50	0.16	16.60	0.18	16.10	0.15
60.00	16.90	0.16	17.77	0.13	17.30	0.13	17.80	0.13	17.77	0.13	17.87	0.13	17.33	0.12
70.00	18.00	0.11	18.93	0.12	18.43	0.11	18.93	0.11	18.90	0.11	—	—	18.37	0.10
80.00	19.27	0.13	19.70	0.08	—	—	—	—	—	—	—	—	19.40	0.10
80.67	—	—	—	—	—	—	20.00	0.10	—	—	—	—	—	—
81.00	—	—	—	—	—	—	—	—	20.00	0.10	—	—	—	—
81.67	—	—	—	—	—	—	—	—	—	—	20.00	0.10	—	—
83.67	—	—	20.00	0.08	—	—	—	—	—	—	—	—	—	—
85.00	—	—	—	—	20.00	0.10	—	—	—	—	—	—	—	—
86.00	—	—	—	—	—	—	—	—	—	—	—	—	20.00	0.10
89.00	20.00	0.08	—	—	—	—	—	—	—	—	—	—	—	—

拟合湿润锋行进深度与时间关系,符合幂指数分布规律:

$$D = at^b \tag{9-2}$$

式中:D 为湿润锋行进深度,cm;t 为入渗时间,min;a、b 为拟合参数。

湿润锋行进深度与时间的拟合曲线如图9-5所示。湿润锋行进深度与入渗时间的拟合参数值,见表9-4。

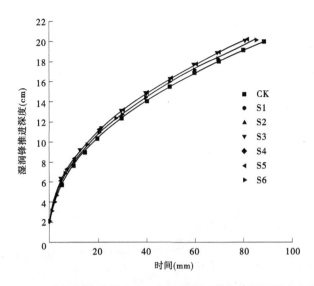

图9-5　变化粒径材料上方土中湿润锋—时间关系及拟合曲线

表9-4　变化粒径材料上方土中湿润锋—时间拟合参数值

参数	高孔隙材料粒径分组						
	CK	S1	S2	S3	S4	S5	S6
a	2.816 68	3.029 40	2.920 17	2.923 15	3.008 64	3.050 57	2.902 58
b	0.436 56	0.429 46	0.434 00	0.439 82	0.432 71	0.429 47	0.435 03
R^2	0.999 40	0.999 39	0.999 82	0.999 67	0.999 57	0.999 16	0.999 55

可见,变化粒径材料上方土中湿润锋—时间拟合函数的相关性强($R^2 > 0.999$),幂函数 $D = at^b$ 可以很好地表征湿润锋运移规律,湿润锋运移随时间而增长、但行进速度逐渐降低。因为入渗初期土的上、下层吸力梯度大,水在重力势和基质势的共同作用下行进迅速。随着时间的增加,上层土中的水部分转化为毛管水,继续下渗的重力水减少,导致土的上、下层吸力梯度降低,因此湿润锋运移速度也随之降低。

当湿润锋行进至同一深度 20 cm 时,CK、S1~S6 七组试验平均用时分别为 89 min、83.67 min、85 min、80.67 min、81 min、81.67 min、86 min,差异不显著(显著性分析 $P > 0.05$),表明盐碱土下方埋设高孔隙材料的粒径对上方土中湿润锋运移的影响较小。计算湿润锋行进深度与速度的关系,并得到拟合曲线如图9-6所示。湿润锋行进深度与运移速度的拟合参数值见表9-5。

表9-5　变化粒径材料上方土中湿润锋—速度拟合参数值

参数	高孔隙材料粒径分组						
	CK	S1	S2	S3	S4	S5	S6
a	16.639 19	14.509 02	17.049 56	13.547 84	13.204 33	20.849 9	12.050 32
b	−2.004 02	−1.795 02	−1.958 61	−1.761 01	−1.728 08	−2.066 79	−1.740 84
R^2	0.985 21	0.989 07	0.988 04	0.989 37	0.988 21	0.983 07	0.992 68

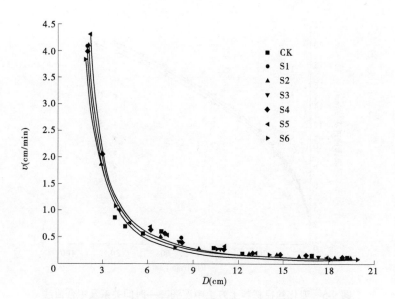

图9-6 变化粒径材料上方土中湿润锋—速度关系及拟合曲线

可见,变化粒径材料上方土中湿润锋行进深度—运移速度拟合函数的相关性强 (R^2>0.98),幂函数 $D = av^b$ 可以很好地表征湿润锋行进深度与运移速度的关系。湿润锋行进深度至 15 cm 时出现拐点,湿润锋运移速度降至极低水平并趋于稳定。表明水在该类型盐碱地的上层 15 cm 范围内运移良好,再向深处下渗缓慢,甚至趋于停滞。

9.2.2 不同粒径孔隙材料隔层上方土的脱盐效果

固定高孔隙材料厚度 5 cm、变化材料粒径情况下,记录隔层上方盐碱土各层位脱盐率随时间的变化关系,以评价不同粒径孔隙材料隔层对其上方盐碱土脱盐效果的影响,从而确定孔隙材料的最佳粒径组合。

9.2.2.1 灌水 1 d 盐碱土各层位脱盐率

不同粒径孔隙材料隔层上方的盐碱土,在灌水 1 d 后盐碱土脱盐率与深度层位的关系,如图9-7所示。

可见,0~15 cm 深度层位内的盐碱土脱盐率普遍较高(>85%),随着深度的增加迅速减小,达 15~20 cm 深度层位时盐碱土的脱盐率全部降至低值(<50%)。证明水在该类型盐碱地的上层运移良好,进入下层位后下渗缓慢,淋洗作用下降,致使盐分在下层积聚、脱盐率降低。根据土中水运动的能量释放原理,盐碱土中水的下渗会受到孔隙材料上界面的短时阻遏作用,导致上层盐碱土含水量增加,直至最大持水能力后才可继续下渗。孔隙材料对上方盐碱土的暂时性阻水作用,有助于上层土中盐的充分溶解、提高盐碱土上层的脱盐率。

从灌水 1 d 盐碱土脱盐率—层位关系可见,0~15 cm 深度层位内 S3 组的盐碱土脱盐率略高,微弱优势辅助证明,埋设 4.75~9.5 mm 粒径的孔隙材料最有利于其上方盐碱土的洗盐。

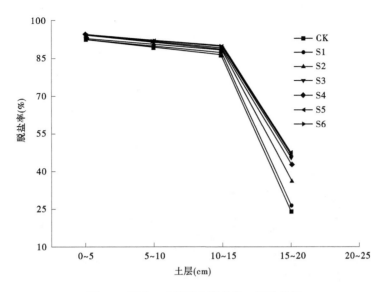

图 9-7　灌水 1 d 盐碱土脱盐率—层位关系

9.2.2.2　变化灌水时间的盐碱土脱盐率

对不同粒径孔隙材料隔层上方的盐碱土持续灌水,记录盐碱土脱盐率随时间(7 d)的变化规律,如图 9-8 所示。

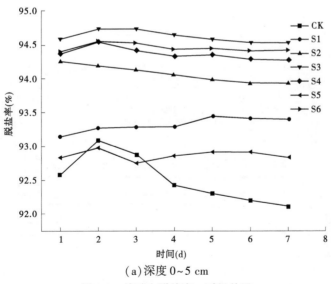

(a)深度 0~5 cm

图 9-8　盐碱土脱盐率—时间关系

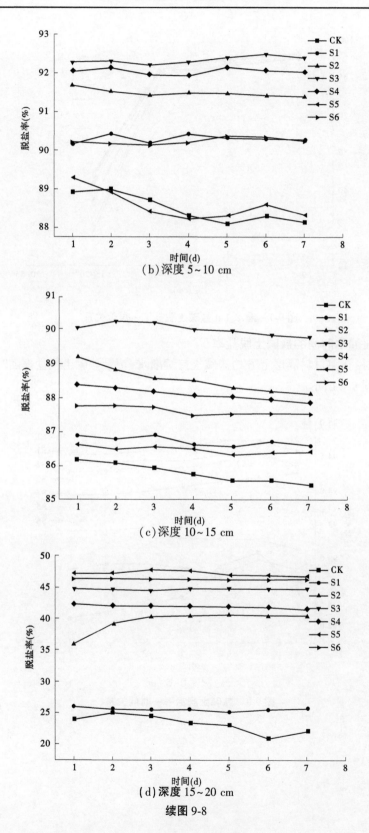

(b) 深度 5~10 cm

(c) 深度 10~15 cm

(d) 深度 15~20 cm

续图 9-8

可见,各工况的盐碱土脱盐率—时间关系曲线波动幅度较小,其中 S3 粒径组的曲线最平滑,并基本处于最高位置。表明该盐碱土的脱盐率较为稳定,基本与时间无关。统计灌水 1 d 与 7 d 脱盐率的差值,见表9-6。

表9-6　灌水 1 d 与 7 d 脱盐率的差值

盐碱土层位(cm)	脱盐率差值(%)						
	CK	S1	S2	S3	S4	S5	S6
0~5	−0.47	0.25	−0.34	−0.06	−0.10	0.01	0.02
5~10	−0.78	0.07	−0.29	0.11	−0.02	−0.96	0.01
10~15	−0.74	−0.30	−1.09	−0.27	−0.54	−0.22	−0.23
15~20	−1.92	−0.34	4.64	−0.11	−0.94	−0.50	−0.17
0~20 cm 平均(%)	−0.98	0.08	0.73	−0.08	−0.40	−0.42	−0.09

注:"−"表示脱盐率降低。

9.2.2.3　孔隙材料不同粒径组成的盐碱土平均脱盐率

统计不同粒径组成的孔隙材料所对应的盐碱土 0~20 cm 深度平均脱盐率,如图 9-9 (灌水 1 d)、图 9-10(灌水 7 d)所示。统计灌水 1~7 d 所分别对应的盐碱土平均脱盐率,如图 9-11、表 9-7 所示。

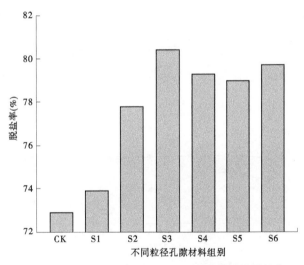

图9-9　灌水 1 d 盐碱土 0~20 cm 深度的平均脱盐率

表9-7　每天盐碱土 0~20 cm 深度的平均脱盐率

时间(d)	平均脱盐率(%)						
	CK	S1	S2	S3	S4	S5	S6
1	72.91	73.88	77.76	80.42	79.28	78.97	79.69
2	73.28	74.00	78.44	80.50	79.25	78.89	79.71
3	73.00	73.95	78.62	80.40	79.13	78.86	79.65
4	72.47	73.94	78.61	80.42	79.06	78.78	79.59
5	72.24	73.85	78.58	80.42	79.11	78.62	79.62
6	71.73	73.97	78.51	80.39	79.01	78.70	79.62
7	71.93	73.96	78.49	80.34	78.88	78.55	79.60

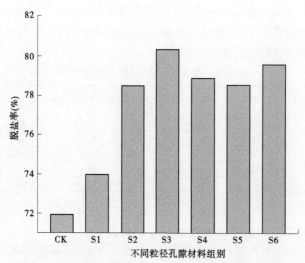

图 9-10　灌水 7 d 盐碱土 0~20 cm 深度的平均脱盐率

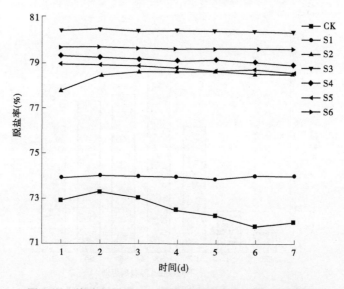

图 9-11　盐碱土 0~20 cm 深度平均脱盐率与灌水时间关系

可见,平均脱盐率分为 CK~S1 和 S2~S6 两个梯度,CK 与 S1 组的明显较低。S2~S6 组的平均脱盐率高,其中粒径为 4.75~9.5 mm 的 S3 的平均脱盐率始终最高。所以,盐碱土下方埋设粒径为 4.75~9.5 mm 的孔隙材料时,脱盐效率高并且稳定。

9.2.3　不同粒径孔隙材料隔层上方土的渗漏

在上方盐碱土的填装过程中,将会向下方孔隙材料内有一定的渗漏,孔隙的大小决定了渗漏土量的多少。盐碱土与孔隙材料交界面处土的渗漏情况如图 9-12 所示。

可见,盐碱土的渗漏量随孔隙材料粒径的增大而增大,S1~S3 粒径组的孔隙材料均较好地阻止了盐碱土的大量渗漏,粒径再继续增大的孔隙材料,其许多孔隙已被渗漏的盐

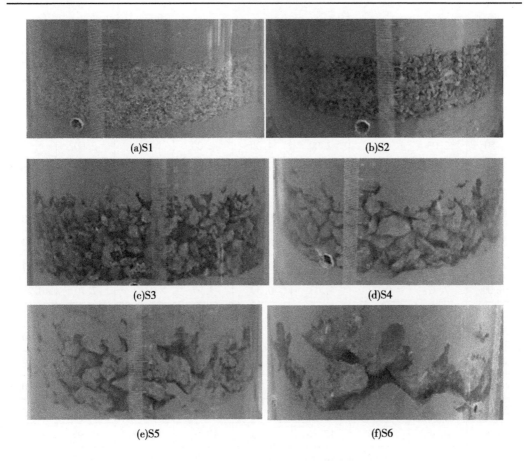

(a)S1　　　　　　　　　　　　(b)S2

(c)S3　　　　　　　　　　　　(d)S4

(e)S5　　　　　　　　　　　　(f)S6

图 9-12　盐碱土与孔隙材料的交界面

碱土堵塞。

　　孔隙材料的粒径选择标准是,既不可因大量土的渗漏而堵塞孔隙材料的孔隙,又要保障上方盐碱土的良好洗盐效果。粒径为 4.75~9.5 mm 的 S3 组孔隙材料上方土的渗漏量较小,使得上方盐碱土脱盐率最高,因此高孔隙材料隔层的优选粒径为 4.75~9.5 mm。

9.3　高孔隙材料埋设厚度优选

　　根据优选孔隙材料粒径的试验结果,固定孔隙材料粒径为 4.75~9.5 mm,改变其埋设厚度(CK、T1、T2、T3 分别对应厚度 0、5 cm、10 cm、15 cm)进行试验,以期得到高孔隙材料的最佳埋设厚度。

9.3.1　不同厚度孔隙材料隔层上方土的湿润锋运移

　　记录不同厚度孔隙材料隔层上方土中水的湿润锋运移随时间的变化关系,见表 9-8、图 9-13。

表9-8　盐碱土中水的湿润锋运移与时间的关系

下渗时间（min）	CK		T1		T2		T3	
	运移（cm）	速度（cm/min）	运移（cm）	速度（cm/min）	运移（cm）	速度（cm/min）	运移（cm）	速度（cm/min）
0	0	—	0	—	0	—	0	—
0.50	2.03	4.07	2.00	4.00	2.00	4.00	2.00	4.00
1.00	2.97	1.87	3.03	2.07	2.93	1.87	2.90	1.80
2.00	3.83	0.87	3.93	0.90	3.93	1.00	3.90	1.00
3.00	4.53	0.70	4.80	0.87	4.57	0.63	4.63	0.73
5.00	5.70	0.58	6.03	0.62	5.77	0.60	5.70	0.53
7.00	6.90	0.60	6.87	0.42	6.87	0.55	6.83	0.57
10.00	7.77	0.29	8.03	0.39	7.97	0.37	7.70	0.29
15.00	8.90	0.23	9.53	0.30	9.20	0.25	9.07	0.27
20.00	10.40	0.30	10.83	0.26	10.53	0.27	10.50	0.29
30.00	12.30	0.19	12.93	0.21	12.60	0.21	12.33	0.18
40.00	14.07	0.18	14.87	0.19	14.37	0.18	14.30	0.20
50.00	15.33	0.13	16.53	0.17	15.87	0.15	15.70	0.14
60.00	16.90	0.16	17.80	0.13	17.03	0.12	16.97	0.13
70.00	18.00	0.11	18.93	0.11	18.23	0.12	18.37	0.14
80.00	19.27	0.13			19.27	0.10	19.57	0.12
80.67			20.00	0.10				
85.67							20.00	0.08
88.33					20.00	0.09		
89.00	20.00	0.08						

拟合湿润锋推进深度与时间关系,符合幂指数分布规律 $D = at^b$（$R^2 > 0.999$）,拟合曲线亦如图9-13所示。可见,当湿润锋行进至同一深度20 cm时,CK、T1-T3四组试验平均用时分别为89 min、80.67 min、88.33 min、85.67 min,差异不显著(显著性分析 $P > 0.05$)。湿润锋运移随时间而增长,但行进速度逐渐降低,其中T1组的曲线斜率最大,表明高孔隙材料埋设厚度为5 cm时湿润锋运移速度最快。

9.3.2　不同厚度孔隙材料隔层上方土的脱盐效果

固定高孔隙材料粒径、变化材料厚度情况下,记录隔层上方盐碱土各层位脱盐率随时间的变化关系,以评价不同厚度孔隙材料隔层对其上方盐碱土脱盐效果的影响,从而确定孔隙材料的最佳厚度。

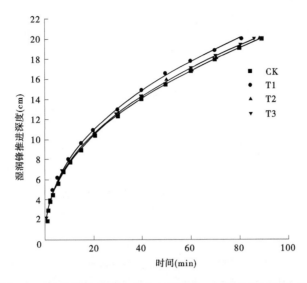

图 9-13　变化厚度材料上方土中湿润锋—时间关系及拟合曲线

9.3.2.1　灌水 1 d 盐碱土各层位脱盐率

不同厚度孔隙材料隔层上方的盐碱土,在灌水 1 d 后盐碱土脱盐率与深度层位的关系,如图 9-14 所示。

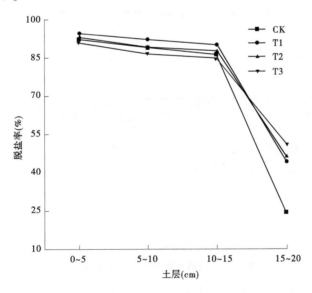

图 9-14　灌水 1 d 盐碱土脱盐率—层位关系

可见,0~15 cm 深度层位内的盐碱土脱盐率普遍较高(>85%),随着深度的增加迅速减小,达 15~20 cm 深度层位时盐碱土的脱盐率全部降至低值(<55%)。0~15 cm 深度层位内 T1 组的盐碱土脱盐率略高,证明埋设厚度 5 cm 的孔隙材料最有利于其上方盐碱土的洗盐。

9.3.2.2　变化灌水时间的盐碱土脱盐率

对不同厚度孔隙材料隔层上方的盐碱土持续灌水,记录盐碱土脱盐率随时间(7 d)的变化规律,如图 9-15 所示。

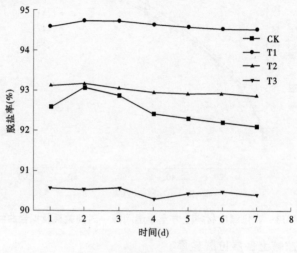

(a)深度 0~5 cm

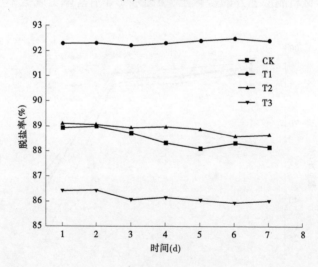

(b)深度 5~10 cm

图 9-15　盐碱土脱盐率—时间关系

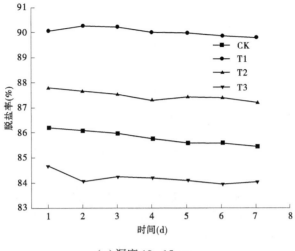

（c）深度 10~15 cm

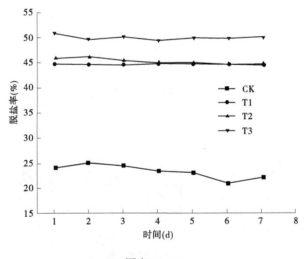

（d）深度 15~20 cm

续图 9-15

可见，各工况的盐碱土脱盐率—时间关系曲线波动幅度较小，表明该盐碱土的脱盐率较为稳定，基本与时间无关。其中 T1 厚度组的曲线最平滑，并基本处于最高位置。

9.3.2.3　孔隙材料不同埋设厚度的盐碱土平均脱盐率

统计不同埋设厚度孔隙材料所对应的盐碱土 0~20 cm 深度平均脱盐率，如图 9-16（灌水 1 d）、图 9-17（灌水 7 d）所示。统计灌水 1~7 d 所分别对应的盐碱土平均脱盐率，如图 9-18、表 9-9 所示。

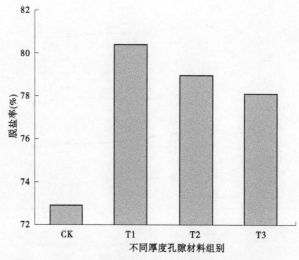

图 9-16　灌水 1 d 盐碱土 0~20 cm 深度的平均脱盐率

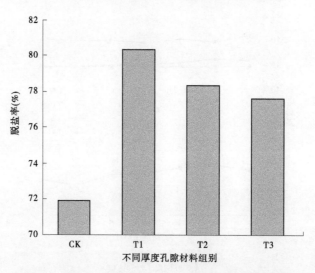

图 9-17　灌水 7 d 盐碱土 0~20 cm 深度的平均脱盐率

表 9-9　每天盐碱土 0~20 cm 深度的平均脱盐率

时间(d)	平均脱盐率(%)			
	CK	T1	T2	T3
1	72.91	80.42	78.96	78.11
2	73.28	80.50	79.02	77.64
3	73.00	80.40	78.71	77.74
4	72.47	80.42	78.54	77.49
5	72.24	80.42	78.54	77.61
6	71.73	80.39	78.39	77.52
7	71.93	80.34	78.35	77.60

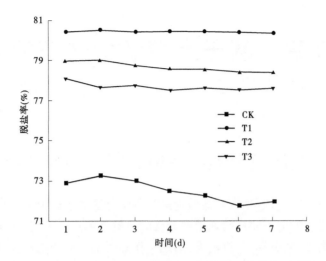

图 9-18　盐碱土 0~20 cm 深度平均脱盐率与灌水时间关系

　　可见,T1 组的平均脱盐率最高,即盐碱土下方埋设厚度为 5 cm 的孔隙材料时,脱盐效率高并且稳定。

　　综合上述研究成果,厚度为 5 cm 的孔隙材料隔层上方土的湿润锋运移速度最快,埋设厚度 5 cm 的孔隙材料最有利于其上方盐碱土的洗盐,下方埋设 5 cm 厚度孔隙材料时对上方盐碱土的脱盐效率高,得到埋设高孔隙材料的优选厚度为 5 cm。

第 10 章　基于土壤结构特征的滨海盐碱地工程修复建议标准

10.1　黄河三角洲盐碱地分区治理的常规对策

根据关元秀等的研究成果,在对盐碱地进行科学分区的基础上治理盐碱地,改良或治理措施更具针对性。黄河三角洲盐碱地各分区的自然环境条件不同,存在问题也不同,基本治理原则是先易后难,分期、分批治理,前期工作是后期治理的支持,后期治理是前期工作效果的巩固与保障。

10.1.1　易改良区的治理措施

黄河三角洲的易改良山前平原岗地区,是农业条件较好、农业开发历史悠久的地方,土壤不受盐碱化威胁,但灌溉水源不足,土壤肥力较差。应积极发展种植业-农区饲养型生态农业,种植业为饲养业提供饲料,饲养业为种植业提供有机肥料,互相促进,互相受益;引进国内外先进的节水管理技术,防止地下水位进一步下降。

易改良山前平原平地区,地下水大量超采,出现大大小小的降落漏斗,海水倒灌日渐扩大。应引黄补源、井渠结合,发展节水灌溉农业;调整种植业结构,扩大花卉、蔬菜和林果的种植面积;增施有机肥和化肥,提高单位面积产量,发展集约化高效生态农业。

易改良西部河成高地滩地区,形成历史较早,种植业发达,但灌排水工程不配套,灌溉管理落后,大水漫灌,引起了地下水位的抬高。应改造、完善灌排水工程,从工程性渠系防渗、科学灌溉管理和引进节水灌溉技术等方面,采取综合措施发展节水农业;增施有机肥和化肥,用养结合,精耕细作,提高单位面积产量;监测地下水动态变化,以排定灌,逐步降低地下水位;在高地的边缘地带,植树种草,形成农田林网,推广林粮间作,防止水土流失。

易改良西部平地洼地区,地下水埋藏较浅,土壤受到盐碱化的威胁。对水源条件较好的地方,继续实行种稻改土;水源条件较差的地方,实行粮草轮作,改善土壤结构,提高土壤淋洗保肥力;井、渠结合,强排多余水,调控地下水位。

10.1.2　较难改良区的治理措施

黄河三角洲的较难改良黄河以南平地洼地区,灌排水工程已形成一定规模,需进一步配套和完善排水体系建设,合理调控地下水位;继续发展种稻改土,继续强排地下水,将改土和改水相结合,水、旱间作,巩固改土效果;适时引黄淤灌,改善微地貌条件,治理盐碱地;施行粮草轮作、培肥改土。

较难改良黄河以北平地洼地区,不具备灌排水条件,大量农田因无水洗盐、压盐而弃荒。应落实节水措施,科学规划、合理建设灌排水工程,发展农牧业;无灌溉条件时,引种耐旱、耐盐物种,改善地表覆被状况。

较难改良河成高地滩地区,土地利用方式以种植业、林业为主,比较适合当地的自然环境条件。应注意精耕细作,实行节水灌溉,培肥地力,防止地下水位抬高。

10.1.3　难改良区的治理措施

黄河三角洲的难改良黄河以南平地区,地势低平,土壤盐碱化严重,土地处于裸露状态,现有草场也受到盐碱化影响,退化严重。应退耕还草,建设人工草场,保护天然草场,发展畜牧业;从土地经营政策上调动农户的积极性,以经济效益带动社会效益和生态效益。

难改良黄河以北平地洼地区,土地利用方式比较合理。种稻改土时,应加强排水;要加强保护天然草场,以草定牧。

难改良河成高地滩地区,分布着黄河新淤潮土,因不合理的垦殖,土壤返盐现象严重。应尽早退耕还林还草,实行全面保护。

难改良沿海滩涂区。应引种耐盐、耐旱的草种或树种,建立沿海防护林带,既对土壤脱盐,又保护了内地环境。

10.1.4　不宜改良区的治理措施

黄河三角洲的不宜改良沿海区,露出海水面不久,土壤处在自然成土阶段的初期,受海水的影响,土壤含盐量极高,尚无法利用。只是在水资源条件允许时,可发展水产养殖业;应避免盲目上项目,造成资源浪费和环境破坏。

不宜改良河口区,受到河与海的双重影响。新淤潮土上生长着湿生草甸植被,需要实行绝对保护措施。

10.2　基于结构特征的滨海盐碱地工程排盐模型

研究滨海盐碱地的水相沉积历史,得到土壤的均质细粒结构特征,基于结构特征建立滨海盐碱地工程排盐模型,以有针对性地支撑排盐技术的现场应用。

(1)"盐碱土结构致密、各向同性"工程排盐模型。

黏土土壤结构对应地表水不下渗、地下水不上返情形,工程排盐技术的原理是依据盐碱土"地面径流为主、无下渗、无壤中流"。工程排盐模型如图 10-1 所示。

同黏土相比较,粉质黏土结构对应的渗透性稍有提高,工程排盐的技术依据是盐碱土"地面径流为主、弱下渗、弱壤中流"。工程排盐模型如图 10-2 所示。

(2)"盐碱土结构致密、横观各向同性(层理发育)"工程排盐模型。

分层性好的粉质黏土土壤结构对应地表水基本不下渗、地下水基本不上返情形,工程排盐技术的原理是依据盐碱土"地面径流为主、弱下渗、中壤中流"。工程排盐模型如图 10-3 所示。

(3)"盐碱土结构疏松、各向同性"工程排盐模型。

粉质土土壤结构对应地表水下渗、地下水不上返情形,工程排盐技术的原理是依据盐

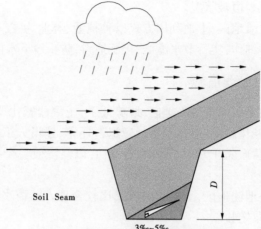

图 10-1　黏土类盐碱土工程排盐模型

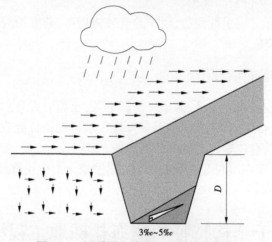

图 10-2　粉质黏土盐碱土工程排盐模型

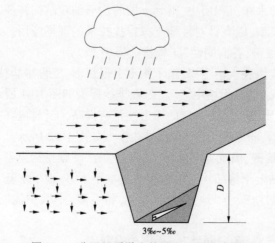

图 10-3　分层粉质黏土盐碱土工程排盐模型

碱土"下渗为主、无地面径流、无壤中流"。工程排盐模型如图10-4所示。

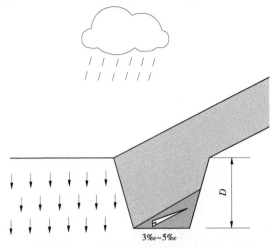

图10-4　粉质土盐碱土工程排盐模型

（4）"盐碱土结构疏松、横观各向同性（层理发育）"工程排盐模型。

分层性好的粉质土土壤结构对应地表水下渗、地下水不上返的情形，工程排盐技术的原理是依据盐碱土"下渗为主、无地面径流、强壤中流"。工程排盐模型如图10-5所示。

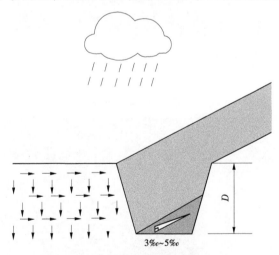

图10-5　分层粉质土盐碱土工程排盐模型

10.3　滨海盐碱地治理工程技术参数优化

对于无返盐现象的滨海盐碱地，在盐碱土下层铺设高孔隙性材料，既利于水盐排出，又不产生毛细现象。该技术适用于地下水位比较深时盐碱地的治理，其工程技术参数的选择，可以通过实验室内的模型研究进行优化。

对于周期性返盐的滨海盐碱地，在盐碱土下层铺设高孔隙性材料，利于水盐汇集并排入排水工程;在高孔隙性材料层下铺设隔水层,隔水层向下压制地下水位,达到压盐目的的同时,又可将其上覆水盐导入排水工程。该技术适用于地下水位周期性上升返盐情形下的盐碱地工程治理,相关工程技术参数通过实验室内的模型研究获取。

对盐碱地治理工程技术参数进行试验优化,应用的设备包括降雨系统和边坡土槽等,分别如图 10-6、图 10-7 所示。

图 10-6　降雨系统

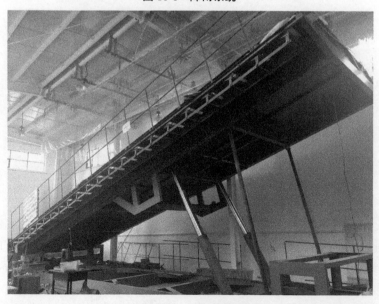

图 10-7　边坡土槽

高孔隙性材料参数优化试验模型,如图 10-8 所示。

15°坡地盐碱土淋洗试验模型,如图 10-9 所示。

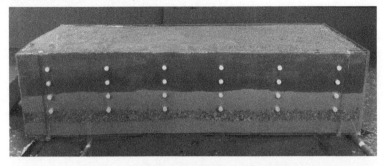

图 10-8　高孔隙性材料参数优化试验模型

图 10-9　15°坡地盐碱土淋洗试验模型

10.4　基于结构特征的滨海盐碱地修复标准建议

引用的部分国家、行业、地方标准,具有一定关联性,是制定滨海盐碱地修复标准的基础,具有借鉴意义。依据《河道演变勘测调查规范》(SL 383—2007)、《河流推移质泥沙及床沙测验规程》(SL 43—1992)、《河流泥沙测验及颗粒分析仪器基本技术条件》(GB/T 27991—2011)等,确定滨海盐碱地的土壤结构组成。参考《中国土壤分类与代码》(GB/T 17296—1998)、《暗管改良盐碱地技术规程 第 1 部分土壤调查》(TDT 1043.1—2013)、《地下水监测工程技术规范》(GB/T 51040—2014)、《土壤检测标准》(NY/T 1121—2006)、《电导率的测定(电导仪法)》(SL 78—1994)、《矿化度的测定标准》(SL 79—1994)、《农田灌溉水质标准》(GB 5084—2005)等,找寻地下水位升降规律与盐碱地有无返盐现象之间的关系,从打破盐碱土均质结构的角度,提高其孔隙性、渗透性。借鉴《暗管改良盐碱地技术规程》(TD/T 1043—2013)、《园林绿化工程盐碱地改良技术标准》(CJJ/T 283—2018)、《盐碱地造林技术规程》(DB37T 2960—2017)、《盐碱地园林绿化施工规范》(DB13T 1487—2011)等,确定滨海盐碱地的工程治理技术,优化工程治理技术参数及设计施工参数等。根据《近岸海域环境功能区划分技术规范》(HJ/T 82—2001)等,进行滨海盐碱地修复工程示范,确定工程治理技术指标。

盐碱土的非均质结构特征,在盐碱地修复中具有重要的工程价值。研究滨海盐碱地的水相沉积历史,得到土壤的均质细粒结构特征,结合降雨量等水文监测资料,建立四类基于结构特征的滨海盐碱地工程排盐模型,基本涵盖了盐碱土结构类型。根据工程排盐模型及盐碱地有无返盐现象,优化工程排盐技术中的设计、施工、材料选择等参数,确定滨海盐碱地的工程修复方案。即优化排水工程的设计几何参数、布置间距等参数,优化暗管直径、布置层位、间距、管壁孔径与密度(依据吸水漏斗与辐射半径)等施工参数,优化高孔隙性材料、隔水层及其铺设层位等参数,分别确定滨海盐碱地的工程修复方案。制定《基于土壤结构特征的滨海盐碱地工程修复技术标准》,统一工程修复技术及其适用条件。

参考文献

[1] 臧启运. 黄河三角洲近岸泥沙[M]. 北京:海洋出版社,1996.

[2] 何庆成,徐军祥,张波,等. 黄河三角洲地质环境与可持续发展[M]. 北京:地质出版社,2006.

[3] 关元秀. 黄河三角洲土地盐碱化遥感监测、预测和治理研究[D]. 北京:中国科学院地理科学与资源研究所,2001.

[4] 张信宝. 环境地学科研故事——发现问题 认识问题 解决问题[M]. 成都:四川科学技术出版社, 2017.

[5] 李法虎. 土壤物理化学[M]. 北京:化学工业出版社,2006.

[6] 宋静茹,杨江,王艳明,等. 黄河三角洲盐碱地形成的原因及改良措施探讨[J]. 安徽农业科学,2017, 45(27):95-97.

[7] 骆永明,李远,章海波,等. 黄河三角洲土壤及其环境[M]. 北京:科学出版社,2017.

[8] 白涛,黄强. 黄河上游沙漠宽谷段水沙调控[M]. 北京:中国水利水电出版社,2017.

[9] 徐建华,林银平,吴成基,等. 黄河中游粗泥沙集中来源区界定研究[M]. 郑州:黄河水利出版社, 2006.

[10] 龚时旸,熊贵枢. 黄河泥沙来源和地区分布[J]. 人民黄河,1979(1):7-18.

[11] 惠志磊,刘万康. 黄河泥沙分布特点及合理治理问题的研究[J]. 科技创新与应用,2018(12):37-39.

[12] 李永乐. 黄河下游地质环境问题与对策[J]. 黄河水利职业技术学院学报,2003(2):12-13.

[13] 孙绪金,殷淑华,田卫宾. 黄河中游区高原地质环境对黄河泥沙的影响[J]. 人民黄河,2003(2):29-31,46.

[14] 李丽英. 泥沙对黄河三角洲生态的影响及治理措施[J]. 东北水利水电,2008(8):56-58.

[15] 李百红,赵庚星,董超,等. 基于遥感和GIS的黄河三角洲盐化土地动态及其驱动力分析[J]. 自然资源学报,2011,26(2):310-318.

[16] 焦元波,田夏一,胡宝清. 黄河三角洲盐碱地信息遥感提取及动态变化分析——以山东垦利县为例[J]. 大众科技,2016,18(208):31-34.

[17] 李百红,赵庚星,秦元伟,等. 黄河三角洲滨海盐碱退化土地变化遥感监测研究[J]. 江西农业大学学报,2009,31(6):1166-1171.

[18] 郭勃. 基于RS和GIS的黄河三角洲盐碱地分级与治理研究[D]. 济南:山东师范大学,2015.

[19] 鲍士旦. 土壤农化分析[M]. 北京:中国农业出版社,1982.

[20] 朱庭芸,何守成. 滨海盐渍土的改良和利用[M]. 北京:中国农业出版社,1985.

[21] 付腾飞,张颖,高金尉,等. 黄河三角洲土壤盐分时空变异特征研究[J]. 中国海洋大学学报,2017, 47(10):50-60.

[22] 王遵亲,祝寿泉,俞仁培,等. 中国盐渍土[M]. 北京:科学出版社,1993.

[23] Aly Ahmed. Compressive strength and microstructure of soft clay soil stabilized with recycled bassanite [J]. Applied Clay Science,2015,104:27-35.

[24] Jha A K,Sivapullaiah P. Volume change behavior of lime treated gypseous soil-influence of mineralogy and microstructure[J]. Applied Clay Science,2016,119:202-212.

[25] 张芳,张伟杰,丁彦彦,等. 艾比湖滨岸盐碱土中碳酸盐的XRD衍射特征与微观形态分析[J]. 光谱

学与光谱分析,2017,37(12):3893-3899.

[26] 苗永君.黄河三角洲不同土地利用类型土壤细菌和氮循环功能菌群研究[D].济南:山东大学,2019.

[27] 水利部水利水电规划设计总院.土工试验方法标准:GB/T 50123—2019 [S].北京:中国计划出版社,2019.

[28] Shear D L, Olsen H W, Nelson K R. Effects of desiccation on the hydraulic conductivity versus void ratio relationship for a natural clay[J]. Transport Res Rec. 1992, 1369: 130-135.

[29] 中国有色金属长沙勘察设计研究院有限公司,中国有色金属工业西安勘察设计研究院,中国有色金属工业昆明勘察设计研究院,等.土工试验规程[S].北京:中国计划出版社,2016.

[30] 中华人民共和国水利部.水利水电工程地质勘察规范:GB 50487—2008[S].北京:中国计划出版社,2009.

[31] 王卓然,赵庚星,高明秀,等.黄河三角洲典型地区春季土壤水盐空间分异特征研究——以垦利县为例[J].农业资源与环境学报,2015,32(2):154-161.

[32] 王卓然,赵庚星,高明秀,等.黄河三角洲垦利县夏季土壤水盐空间变异及土壤盐分微域特征[J].生态学报,2016,36(4):1040-1049.

[33] 刘传孝,李克升,耿雨晗,等.黄河三角洲不同土地利用类型土壤微观结构特征[J].农业工程学报,2020,36(6):81-87.

[34] 耿雨晗,刘传孝,李克升.黄河三角洲粉质盐碱土土壤结构特征与渗透性关系分析[J].节水灌溉,2020(2):27-31.

[35] Liu C X, Li K S, Ma D P. Construction and engineering application of salt-discharging model for local saline-alkali soil with compact structure in the Yellow River Delta[J]. Applied and Environmental Soil Science, 2020: 1-8.

[36] 水利部水文仪器及岩土工程仪器质量监督检验测试中心,南京水利水文自动化研究所,黄河水利委员会水文局.河流泥沙测验及颗粒分析仪器基本技术条件:GB/T 27991—2011 [S].中华人民共和国国家质量监督检验检疫总局,中国国家标准化管理委员会,2011.

[37] 中华人民共和国水利部.河流推移质泥沙及床沙测验规程:SL 43—1992[S].北京:水利电力出版社,1993.

[38] 中华人民共和国水利部.电导率的测定(电导仪法):SL 78—1994[S].1994.

[39] 中华人民共和国住房和城乡建设部.园林绿化工程盐碱地改良技术标准:CJJ/T 283—2018[S].北京:中国建筑工业出版社,2018.

[40] 河北省质量技术监督局.盐碱地园林绿化施工规范:DB13T 1487—2011[S].2011.

[41] 山东省质量技术监督局.盐碱地造林技术规程:DB37T 2960—2017[S].2017.

[42] 环境保护部.近岸海域环境功能区划分技术规范:HJ/T 82—2001[S].2001.

[43] 环境保护部.土壤 电导率的测定 电极法:HJ 802—2016[S].北京:中国环境科学出版社,2016.

[44] 国家环境保护总局.电导率水质自动分析仪技术要求:HJ/T 97—2003[S].2003.

[45] 国家林业局.岩溶石漠生态系统服务评估规范:LY/T 2902—2017[S].北京:中国标准出版社,2018.

[46] 中华人民共和国水利部.灌溉试验规范:SL 13—2015[S].北京:中国水利水电出版社,2015.

[47] 中华人民共和国国土资源部.暗管改良盐碱地技术规程:TD/T 1043[S].北京:中国标准出版社,2013.